Dr. med. Erich Grassl

DIE KUNST DES ÄLTER WERDENS

Dr. med. Erich Grassl

Die Kunst des Älterwerdens

Ratschläge eines Arztes und Psychologen

Vorbeugung und Heilung von Krankheiten im Alter

VERLAG FÜR POSITIVE LEBENSGESTALTUNG

Sonderausgabe für
Verlag für positive Lebensgestaltung GmbH, Königswinter
Umschlaggestaltung: Marlies Müller
Umschlagfoto: The Stock Market, Düsseldorf
Gesamtherstellung:
Verlag für positive Lebensgestaltung GmbH, Königswinter
ISBN 3-927337-80-3

Inhalt

Vorwort

Die Menschen unserer Tage werden immer älter. Vor allem die Zahl der »sehr Alten«, der Hochbetagten, wird bis zum Jahre 2000 stark zunehmen. So ist die Zahl der 80jährigen in Westdeutschland in nur 20 Jahren – nämlich von 1969 bis 1989 – von 1,1 Millionen auf 2,39 Millionen gewachsen. Die Zahl der 90jährigen hat sich verdreifacht – sicher eine Folge des medizinischen Fortschritts, aber auch der gesünderen Lebensweise.

Die »Kunst des Älterwerdens« wird auch in Zukunft darin bestehen, gesund älter zu werden, um die Pflegebedürftigkeit im Alter zu vermeiden.

Die Angst der jüngeren Generation vor finanzieller Überforderung durch die Zunahme der alten Menschen, vor allem durch die Zunahme von Pflegebedürftigen, begleitet laufend die Diskussion über Pflege und Versorgung. Wer soll das bezahlen, wenn im Jahre 2030 nach Aussagen der Familienministerin Frau Hannelore Rönsch 38 % der Bevölkerung über 60 Jahre sind, wer soll sie pflegen, wenn die Pflegebedürftigkeit, wie bisher, weiter mitwächst?

Es gibt aber keinen Beweis dafür, daß eine Zunahme des Anteils alter Menschen auch die Zahl der Pflegebedürfti-

gen erhöht. Die Alten von heute leben nicht nur länger, sie sind auch gesünder. Das wissen wir aus schwedischen Erhebungen wie auch aus Untersuchungen in Berlin.
Aber alle Sachverständigen sind sich einig, »daß eine Grundbedingung erfüllt sein muß, um das neue Pflegesystem gegen eine höhere Pflegequote unter den Hochbetagten abzusichern: Das Risiko, im Alter pflegebedürftig zu werden und zu bleiben, hängt vom Angebot an Maßnahmen der Prävention (1) und Rehabilitation (2) und vor allem von den Versorgungsmöglichkeiten im Bereich der Geriatrie (3) ab.« (Jürgen Forster in »Süddeutsche Zeitung« vom 26./27. März 1994)

(1) Prävention umfaßt alle Maßnahmen, die der Krankheitsverhütung, der Früherkennung, der Rückfallvermeidung dienen.
(2) Rehabilitation ist die Wiederherstellung der körperlichen und geistigen Fähigkeiten (z. B. nach einem Schlaganfall oder einer Hüftoperation).
(3) Geriatrie ist die Lehre von den Krankheiten, Problemen und Folgen des Alterns in medizinischer, psychologischer, sozialer und wirtschaftlicher Hinsicht.

Bei einer Intensivierung der Bemühungen, den alten und alternden Menschen aufzuklären, wie er sich gesund und aktiv halten kann, wie er sich ernähren muß, wie er leben muß – und die alten Menschen machen mit –, und bei einer Verbesserung der stationären und der häuslichen Rehabilitation – »Rehabilitation vor Pflege« – **braucht die bedrohliche demographische Entwicklung keinen Kostenboom im Pflegesystem zu verursachen**!
Hier mitzuhelfen und einen Beitrag zu leisten ist Sinn und Aufgabe dieses Buches, »Die Kunst des Älterwerdens«, wie auch des Vorgängers »Lebensfahrplan für die Älteren«.

Bei der Schlußabstimmung im Bundesrat am 29. April 1994 um die lang umstrittene Pflegeversicherung würdigte ihr Schöpfer Norbert Blüm (CDU) ihre Verabschiedung als historisches Datum in der Sozialgeschichte der Bundesrepublik. Und Nordrhein-Westfalens Sozialminister Franz Müntefering (SPD) unterstrich, mit der durch den Parteienkompromiß vereinbarten Regelung bestünden gute Chancen, daß die häusliche Pflege, deren Leistungen vom 1. April 1995 an von der Versicherung abgegolten werden, der Regelfall bleibe und eine »Abschiebung« alter Menschen ins Heim nicht stattfinde. Die Pflege in Heimen wird vom 1. Juli 1996 an unterstützt.

In dem Buch **»Lebensfahrplan für die Älteren«** wurden alle die Selbsthilfen aufgezeigt, auch die vielen Hilfen in unserem sozialen Netz, die bereitstehen, wenn man krank und pflegebedürftig wird, und die die Aufnahme ins Pflegeheim verhindern können. Hier sind auch die verschiedenen Bundesgesetze zusammengestellt, die Hilfe und vor allem auch finanzielle Unterstützung bringen.

Das vorliegende Buch, **»Die Kunst des Älterwerdens«**, führt nun die hauptsächlichsten Krankheiten im Alter auf, zeigt deren Symptome und Früherkennungszeichen und bespricht ihre Behandlungsmöglichkeiten und -methoden. Es will nicht in die ärztliche Behandlung eingreifen, sondern den Laien auf vieles aufmerksam machen, was ihm Erkennung und Behandlung verbessern und oft auch Leiden vorbeugen hilft.

Hauptgewicht wurde dabei auf die **Früherkennung** der Krankheiten gelegt, weil hier noch die bessere Heilungsmöglichkeit besteht. Es werden nicht nur schulmedizinische Behandlungsmethoden empfohlen, deren Durchführung ja meist in der Hand des Arztes oder des Krankenhauses liegt, sondern es werden auch naturheilerische,

volkstümliche und Behandlungsweisen medizinischer Außenseiter dargelegt.
Weil bei den meisten Erkrankungen unsere Ernährung eine so bedeutsame Rolle spielt, wurde besonderer Wert gelegt auf die Darlegung von Diätvorschlägen für die einzelnen Erkrankungen.
Wir sind glücklich, wenn es uns damit gelingt, ein Quentchen mit dazu beizutragen, daß der »neue« alte Mensch nicht nur länger lebt, sondern auch gesünder ist und bleibt!
Und ein längeres und gesünderes Leben ohne die Notwendigkeit der Behandlung schwerer Pflegebedürftigkeit ist nicht nur ein Glück und ein Segen für den einzelnen und seine Familie – **sondern auch von immenser volkswirtschaftlicher Bedeutung**!

Die Kunst des Älterwerdens

Vorbeugung und Heilung von Krankheiten im Alter

Alles, was in der Natur Leben hat, kann krank werden und absterben, ob Pflanze, Tier oder Mensch. Das ist also auch das Los des Menschen, solange die Welt besteht. Krankheiten wechseln auch die Formen, neue kommen hinzu, andere verschwinden.

Man hat sie im Laufe des letzten Jahrhunderts genau katalogisiert, die Erscheinungsformen beschrieben, Ursachen dafür gefunden, aber auch einfache bis fast unfaßbare Behandlungsmethoden eröffnet: Man weiß, wie man sie durch einfache richtige Ernährung und Bewegung, aber auch durch Tabletten und Injektionen, bis hin zu Operationen und zum Austausch von Organen (Transplantationen) anderer Menschen, ja selbst von Tieren behandeln kann.

Die Fortschritte der Medizin sind riesig – die Resultate spiegeln sich wider in einer Verlängerung der allgemeinen Lebenserwartung, in einer erhöhten Heilungschance und einem längeren Überleben bei schwerer Krankheit und Behinderung.

Die **Krankheiten im Alter** verlaufen im wesentlichen wie in der Jugend und im mittleren Alter, sie werden auch genauso behandelt. Sie können nur etwas anders in Erscheinung treten, weil sie auf einen geschwächten und oft schon abgebauten Körper treffen. Wir wollen sie in diesem Buch ausführlich besprechen, vor allem die »Hauptkiller« unserer Tage, besonders für den alten Menschen, die Herz- und Kreislauferkrankungen und den Krebs.
Es gibt aber auch **spezifische Alterskrankheiten**, genauso wie es spezifische Kinderkrankheiten gibt. Bei den spezifischen Alterskrankheiten dominieren neben den Abnutzungserkrankungen an den Gelenken, den Muskeln und der Haut vor allem die psychischen und nervlichen Erkrankungen, unter denen besonders Hochbetagte in erhöhtem Maße leiden, aber auch Seh- und Hörstörungen.
Der Verlauf von Erkrankungen wird gerade im Alter bestimmt vom psychischen Zustand, von der Lebensfreude oder vom Lebensüberdruß, von der Ernährung, von der Umwelt, der Wohnung, dem bestehenden Freundes- oder Bekanntenkreis. Das zeigt deutlich ein Vergleich der Alterskrankheiten in den alten und den neuen Bundesländern. In den letzteren haben die Belastungen, die mangelhafte Ernährung und schlechtere Hygienemöglichkeiten zu einer erhöhten Krankheitsquote geführt. Das zeigt die folgende Darstellung.

Mehr Altersbeschwerden im Osten
Quelle: Allensbach
Gesundheitsstörungen der über 60jährigen
Umfrageergebnis in %

alte	Bundesländer	neue
48	Kreislauf, Durchblutung	60
44	Schlafstörungen	55
52	Rheuma	50
34	Herzbeschwerden	49
38	Bandscheibe, Rücken	38
22	Magen, Darm	37
18	Schwindelgefühl	36
30	Ermüdung	34
20	Kopfschmerzen, Migräne	30
17	Nervosität	27
13	Diabetes (Zucker)	23

Probleme im Alter

1 Berufsaustritt und Pensionierung – der Schock für den Mann und die Frau

Man hat langjährige Erfahrungen über die ungünstigen Auswirkungen und Einflüsse der Pensionierung und des Berufsaustritts beim Mann. Da heute Frühberentung und vorzeitiger Ruhestand immer häufiger werden, tritt dieser »Pensionierungsschock« schon im frühen Alter auf.

Der Pensionierungsschock
Plötzlich keine Aufgabe mehr zu haben, nicht mehr in der Früh wegzugehen und nach getaner Arbeit nach Hause zu kommen, ohne ein Tagespensum erfüllt zu haben – sich dessen bewußt zu werden, lähmt Körper und Geist, es sei denn, man ist nur mit Widerwillen und krank zu seinem Arbeitsplatz gegangen.
Nur wenige empfinden es in ihrem Innersten als Glück, als Wohltat, plötzlich nicht mehr gefordert zu sein.
Das Schlimmste ist, dann zu Hause zu sitzen oder mit dem Einkaufskörbchen von der Ehefrau weggeschickt zu werden, der Frau »auf den Wecker« zu fallen, nichts mehr

zu sagen zu haben in seinem Betrieb, seinem Amt, seinem Büro.
Man weiß, daß viele Beamte in den ersten Jahren nach der Pensionierung sterben. Es fehlt die treibende Kraft, die Körper und Geist beseelt, es fehlt der Anreiz, die Anspannung, eine Erschlaffung ist die Folge.

Da gibt es nur eines: sich betätigen!

Nicht nur schöne Hobbys finden und betreiben – auch dies ist wichtig –, sondern sich einer Aufgabe stellen, geistiges oder soziales Mitwirken, Verantwortung tragen in einer Gemeinschaft, im Altenklub, in der Nachbarschaftshilfe, im Verein, im Altenheim.

Älterwerden als Frau

Bisher hat man nur vom »Pensionierungsschock« beim Mann gesprochen, neuerdings hat man aber auch Untersuchungen über »Kritische Lebenssituationen älterer Frauen« angestellt. Auf einem Symposium »Älterwerden als Frau«, das 1990 in Heidelberg stattfand, hat man die Ergebnisse zusammengestellt.[1]
190 Frauen aus den Jahrgängen 1912 bis 1933 wurden vor und nach ihrem Berufsaustritt und nach dem Tod ihres Partners – die beiden häufigsten Extrembelastungen – über einen Zeitraum von zweieinhalb Jahren dreimal ausführlich befragt.
Frauen, die intensiv in soziale Beziehungen – auch außerhalb der Familie – eingebettet sind, bewältigen diese Lebensveränderungen fast ausnahmslos positiv. Gesundheitsprobleme haben jene Frauen, die in Existenznot und soziale Isolation geraten. Ein Teufelskreis, wenn man – wie die Studie zeigt – bedenkt, daß gerade Frauen mit gesundheitlichen Belastungen ihre wirtschaftliche Lage nicht ver-

bessern können und selten über ein soziales Unterstützungsnetz verfügen.

Auftreten von körperlichen Erkrankungen nach dem Tode des Partners

Schlimm ist für die meisten Frauen der Partnerverlust. Die meisten Frauen überleben ihren Partner. Nicht selten sieht man in der Praxis nach dem Tode des Partners das Auftreten schwerer körperlicher Erkrankungen. Zunächst treten psychosomatische Störungen auf: Schlaflosigkeit, Appetitlosigkeit und Depressionen. Plötzlich ist oft eine Krebserkrankung da, oder das Herz streikt, der Blutdruck geht in schwindelnde Höhen. Birgit Stappen vom Caritasverband Trier[1] konnte feststellen, daß nach dem Tode des Partners für Frauen ein erhöhtes Sterblichkeitsrisiko noch nach zwei Jahren besteht; Männer sterben nach Partnerverlust häufig innerhalb des nächsten halben Jahres.

Nicht jeder wird in gleicher Weise damit fertig; es kommt auf das nervliche und körperliche Kräftepotential an, auf emotionale Wärme oder Kühle, auf die Verinnerlichung der Beziehung, aber auch auf Kräfte des Trostes in Religion und Glaube, auf Eingebundensein in eine umsorgende Familie, auf liebevolle Kinder und Enkel oder gute Nachbarn und Freunde.

Nicht nur die **psychische Situation ist für Frauen kritisch, sondern auch die finanzielle**. Nach dem Tode des Mannes erhalten Witwen nur 60 % der Rentenbezüge ihres Mannes, das sind dann in der Regel ca. 40 % des Gehalts.

Große Hilfe können da die früheren Betriebe, Freunde, Nachbarn und Nachbarschaftshilfen bieten, indem sie in dieser schwierigen Situation der Frau beistehen, manche Botengänge zu Versicherungen und Krankenkassen erledigen und ihr beim Aufbau einer Zukunftsperspektive helfen.

Die Frau sollte nach Berufsaufgabe und Partnerverlust nach sinnvollen Aufgaben suchen, in der Familie oder bei Bekannten mithelfen, sich einer Seniorengruppe anschließen, in der Volkshochschule eine Fremdsprache erlernen oder selbst anderen im Bekanntenkreis helfen. »Trotz allem« anderen zu helfen, macht wieder glücklich.

Bewältigung der Krisensituationen im Alter nicht mit Medikamenten und Alkohol!

Viele alte Menschen – Männer wie Frauen – werden mit ihren Krisensituationen, ihrem Kummer, ihrer Zukunftsangst nicht fertig und greifen nach Beruhigungsmitteln, Schlafmitteln oder zum Alkohol. Nicht selten verschreibt ihnen der Arzt – vor allem wenn sie darum bitten – starke Beruhigungsmittel, die sogenannten Tranquilizer. Auch in Alten- und Pflegeheimen gibt man unruhigen Patienten schnell diese Medikamente. Zu leicht gewöhnt man sich daran und wird abhängig davon, man wird »süchtig«. Also besser gar nicht erst damit anfangen.

Auf eine Anfrage im Deutschen Bundestag zu dem hohen Konsum von Medikamenten mit Abhängigkeitsgefahr antwortete in der Fragestunde vom 4. Dezember 1991 die Parlamentarische Staatssekretärin Dr. med. Sabine Bergmann-Pohl und bestätigte eine Studie der Allgemeinen Ortskrankenkassen zum Arzneimittelverbrauch von Bürgern in höherem Alter.

Zwei Drittel der verordneten Psychopharmaka, Schlaf- und Beruhigungsmittel sind mit gravierenden Nebenwirkungen behaftet und bergen die Gefahr der Medikamentenabhängigkeit. 16 % der Versicherten über 65 Jahre verursachen rund 45 % aller Arzneikosten und rund die Hälfte aller Arzneimittelverordnungen (Rezepte).

Bei den Psychopharmaka erreichte bei den Frauen der

Konsum das Doppelte der altersgleichen männlichen Gruppe.
Der Verbrauch von Psychopharmaka ist in den letzten Jahren bei den Männern gleichgeblieben und bei den Frauen zurückgegangen, was sehr begrüßenswert ist. **Es gibt auch Beruhigungsmittel und Schlafmittel aus Heilpflanzen, und es gibt Kräutertees** und homöopathische Mittel, die ohne Nebenwirkungen sind und auch ihren Dienst tun. Wieviel Beruhigung bringt auch eine schöne Musik, wie vielen bringt das Abendgebet Sicherheit und Kraft und nimmt Ängste und Unruhe!
Nicht immer gleich zu Psychopharmaka greifen!

2 Medikamente im Alter

Für jede Krankheit gibt es Medikamente. Im Alter häufen sich die Krankheiten, also häufen sich die Medikamente, die der alte Mensch verbraucht. Nur muß man darauf achten, daß man nicht zu viel einnimmt. Wenn man für jede Krankheit im Alter etwas einnehmen würde, kämen täglich ganze Berge zusammen.
Man muß – und das wird jeder gute Arzt tun – nur die wichtigen, die lebensbedrohlichen Erkrankungen mit Medikamenten angehen, die übrigen mit Diät, mit Lebens- und Ernährungsumstellung und mit naturgemäßen Heilmethoden bekämpfen.
Der behandelnde Arzt muß überlegen und abwägen, welche Medikamente er gibt, was der gute Krankenhausarzt genauso tut wie der Hausarzt. Und der Patient sollte ihnen vertrauen und nicht eigene Wege gehen wollen.

Hoher Medikamentenverbrauch im Alter

Der Medikamentenverbrauch im Alter verursacht einen Hauptkostenanteil der Arzneimittelkosten. Aus den Statistiken des Wissenschaftlichen Instituts der Ortskrankenkassen wissen wir, daß für das Berichtsjahr 1988 die ermittelten Tagesdosen je Versicherten pro Jahr für die über 65jährigen circa das Vier- bis Fünffache dessen betragen, was z. B. für die 40- bis 45jährigen Bundesbürger ermittelt wurde.

Laut einer Umfrage des Instituts für Demoskopie, Allensbach, wünschen über 50 % der Bevölkerung der Bundesrepublik, mit Methoden der Natur- und Erfahrungsheilkunde behandelt zu werden. Aber nur 10 % der Ärzte wenden die Naturheilverfahren an. Doch ist bei den jüngeren Ärzten eine große Zuwendung zu Naturheilverfahren zu beobachten.

Wichtig ist aber auch die zuverlässige Medikamenteneinnahme (Compliance) – ein Problem wegen der Vergeßlichkeit älterer Menschen.
Es gibt heute **Plastikschälchen** mit der Einteilung morgens – mittags – abends – vor dem Schlafengehen. Am besten legt man in der Früh immer die Tabletten ein, dann vergißt man sie nicht. In Krankenhäusern und Altenpflegeheimen ist es so üblich, auch die Pflegekräfte der Sozialstationen bereiten – gerade bei Patienten mit gestörter Merkfähigkeit – die Medikamente schon entsprechend vor, wenn sie zum Hausbesuch kommen.
Es ist beachtlich, was an Medikamenten im Alter verbraucht wird. Aus zwei Studien weiß man Genaueres: Die eine Studie war als repräsentative Seniorenstudie für 65- bis 74jährige angelegt und fand in den Orten Heidelberg, Michelstadt und Berlin statt.[3]

Lediglich 14 % der Befragten nahmen in der letzten Woche vor der Erhebung keine Medikamente ein, 91 % der Frauen und 77 % der Männer mindestens ein Präparat. Die gleichzeitige Einnahme mehrerer Präparate (»Multimedikation«) war die Regel.
Die Hauptgruppe der eingenommenen Medikamente waren die **Herzmittel,** davon allein rund 30 % Digitalis(Fingerhut)-Präparate. Dann folgten Mittel, die die Herzkranzgefäße erweitern (Koronarmittel), schließlich durchblutungsfördernde Mittel. In den führenden Positionen weiterhin Psychopharmaka, Analgetica (Schmerzmittel) und Magen-Darm-Mittel.
Diese Erhebungen stimmen mit einer zweiten Studie überein (Nationale Untersuchungs-Survey), die an 200 Untersuchungsorten der Bundesrepublik durchgeführt wurde.
Jeder alte und kranke Mensch sollte von Zeit zu Zeit zu seinem Arzt gehen und seinen Medikamentenverbrauch überprüfen lassen. Zweckmäßig ist es, wenn man ein Blatt oder ein **Arzneimittelheft** anlegt, in das der Arzt die notwendige Medikation einträgt und immer wieder überprüft.

Besprechen Sie von Zeit zu Zeit mit Ihrem Arzt Ihren Verbrauch an Medikamenten. Legen Sie Ihr Arzneimittelheft vor!

Ein Arzneimittelheft ist auch wichtig für einen Arztwechsel oder einen Aufenthalt im Krankenhaus.
Ihr Prinzip sei: »Sowenig Medikamente wie möglich und soviel wie notwendig!«

Alte Menschen brauchen kleinere Medikamentendosen

Es wird auch viel zuwenig beachtet, daß die Behandlung mit Medikamenten im Alter ihre Besonderheiten hat. Im Alter sind bei Medikamenten viel mehr unerwünschte Nebenwirkungen festzustellen. So sind nach angloamerikanischen Untersuchungen bei den über 60jährigen – speziell in der Langzeittherapie –, drei- bis siebenmal häufiger unerwünschte Nebenwirkungen von Arzneimitteln zu beobachten als in jüngeren Altersklassen.[2] (H. Franke)

Die Arzneimittelkommission der Deutschen Ärzteschaft empfiehlt daher, die Medikamentendosis bei 65jährigen prinzipiell um 10%, bei 75jährigen um 20% und bei 85jährigen um 30% zu senken.

Daher kann man auch in leichten und mittelschweren Fällen in der Langzeittherapie von Krankheiten im Alter die naturgemäßen Heilmethoden benützen, auch die Homöopathie hat ihr weitgefächertes Feld.

20% der Arzneimittel landen auf der Müllhalde

Man würde pro Jahr Milliarden sparen, wenn alle Bürger mit ihren Medikamenten sorgfältiger umgingen. Millionen Packungen liegen oft ungenützt in den Schubladen, oft wurden nur ein bis zwei Tabletten gebraucht. Daher nicht unnötig große Packungen sich aufschreiben lassen oder verlangen! Ein Viertel bis ein Fünftel aller verschriebenen Medikamente landet im Mülleimer. Einer bundesdeutschen Untersuchung zufolge ist der Hauptgrund die Angst vor Nebenwirkungen. Meist haben die Patienten die Beipackzettel mit der Auflistung aller möglichen Nebenwirkungen gelesen und nehmen das Medikament dann nicht ein, werfen es statt dessen weg. Einige tragen es auch zu ihrem Arzt zurück und sprechen mit ihm darüber. Das ist das richtige! Er kann Sie aufklären, auch zeigen, warum Sie gerade dieses Medikament brauchen, er kann Ihnen aber auch ein anderes mit weniger Nebenwirkungen verordnen.

Zahlreiche – hauptsächlich ältere – Kranke setzen die verordneten Medikamente eigenmächtig ab oder lassen sie in der Schublade verschwinden, vor allem, wenn sie sich besser fühlen. Aber gerade dann kann es zu Rückfällen kommen.

Sprechen Sie offen mit Ihrem Arzt über die Wirkung des verordneten Medikaments oder den Mißerfolg!

Medikamentenverbrauch gesetzlich eingeschränkt

Am 1. Juli 1991 trat eine »Verordnung über unwirtschaftliche Arzneimittel in der gesetzlichen Krankenversicherung« in Kraft. Es wurde eine sogenannte »Negativliste« erstellt – und zwar vom Bundesminister für Gesundheit –, in der eine große Anzahl von Medikamenten aufgeführt ist, die der Arzt nicht mehr **auf Kassenrezept** verordnen kann. Er kann sie durchaus privat dem Patienten aufschreiben. Haben Sie dafür Verständnis, wenn Ihr Arzt ein von Ihnen seit Jahren geschätztes und beliebtes Medikament auf Kassenrezept nicht mehr rezeptieren darf! Freilich sind darunter auch altbewährte wie Miroton-Tropfen und -Tabletten, Diacard-Tropfen, Anabologes, Stutgeron usw. usf.

Schon seit längerer Zeit sollen Kassenärzte auch keine Schnupfen-, Husten- und Grippemittel mehr aufschreiben, auch Abführmittel und Schmerzmittel fallen unter diese Regelung. Nur mit dem besonderen Vermerk »Necesse« = notwendig ist es bei schwerer Erkrankung möglich.

Auch das **neue Gesundheitsreform-Gesetz**, das seit 1. Januar 1993 in Kraft ist, sucht den oft übertriebenen Medikamentenverbrauch mit Recht zu steuern. So wird je nach Packungsgröße eine höhere Zuzahlung verlangt. Nicht selten gab es Patienten, die immer gleich die größte Verpackungsgröße verlangten, dann lag sie oft halb oder zu zwei Dritteln voll im Schrank und später in der Mülltonne. Selbstverständlich ist es aber zweckmäßig und kostensparender, wenn Patienten, die ein Medikament **dauernd einnehmen müssen, die größte Packung (N3)** vom Arzt verlangen.
Nach dem Gesundheitsreform-Gesetz gibt es neue Bestimmungen für die Zuzahlung beim Kassenrezept. Seit 1994 gilt folgende Regelung (die Zuzahlung richtet sich nach der Packungsgröße):
Kleine Packungen (N1): 3 DM Zuzahlung, jedoch nicht mehr als die Kosten des Mittels
Mittlere Packungen (N2): 5 DM Zuzahlung
Große Packungen (N3): 7 DM Zuzahlung
Die Definition der Packungsgröße für alle Darreichungsformen übernimmt der Bundesgesundheitsminister.
In den **neuen Bundesländern** wird das reformierte Zuzahlungssystem ebenfalls übernommen.
Es wird also immer ratsam sein, mit dem Arzt zu besprechen, welche Packungsgröße Sie brauchen. Für kürzere Erkrankungen genügen die kleinen Packungen, für chronische Krankheiten mit laufender Medikamenteneinnahme wird es zweckmäßig sein, sich die größere oder größte Medikamentenpackung verordnen zu lassen.
Auch für den **Krankenhausaufenthalt** gibt es seit 1993 nach dem neuen Gesundheitsreform-Gesetz neue Bestimmungen. Die neue Regelung sieht vor, daß der Patient für die ersten 14 Tage jeweils 12 DM an Selbstbeteiligung

zahlen muß. Diese Pflicht gilt nicht für teilstationäre oder ambulante Krankenhausbehandlungen.
Sie gilt in gleicher Höhe für stationäre **Vorsorge- und Rehabilitations-Kuren**. Eine Ausnahme bilden die **Müttergenesungskuren**. Für sie sind keine Zuzahlungen zu leisten.
In den **neuen Bundesländern** müssen für die ersten 14 Tage jeweils 9 DM zugezahlt werden.

Die Härtefall-Regelungen

Vollständig befreit von allen Zuzahlungen zu Arznei-, Verband- und Heilmitteln, Fahrtkosten und Zahnersatz sind seit 1. Januar 1993 alle Versicherten mit einem monatlichen Einkommen unter 1484 DM. Die Grenze erhöht sich für den ersten im gemeinsamen Haushalt lebenden Angehörigen um 556,60 DM und für jeden weiteren um jeweils 371 DM.
Des weiteren gilt eine vollständige Befreiung für alle Versicherten, die Sozialhilfe oder Arbeitslosenhilfe beziehen, von Kriegsopferrente leben, BAföG erhalten oder in einem Alten- oder Pflegeheim vollständig oder weitgehend zu Lasten der Sozialhilfe oder Kriegsopferfürsorge leben.
Kinder und Jugendliche bis zu 18 Jahren müssen keine Zuzahlung leisten für Arzneimittel, Heil- und Verbandmittel sowie bei Krankenhausaufenthalten und stationären Kuren.
In den **neuen Bundesländern** gelten dieselben Einkommensgrenzen für Zuzahlungen bei Arznei- und Verbandmitteln. Für Zuzahlungen bei Zahnersatz, Fahrtkosten und bei stationären Vorsorge- und Rehabilitationskuren gelten folgende Härtefall-Grenzen: für Ledige 1092 DM, Ehepaare 1501,50 DM, für jedes Kind zusätzlich 273 DM.

Medikamente nicht in Kinderhand

Medikamente sollte man so lagern, daß Kinder sie nicht finden und greifen können.

Medikamente soll man nie offen liegenlassen, vor allem nicht, wenn Kinder im Haushalt sind oder zu Besuch kommen. Es wäre schlimm, wenn der Enkel vom Besuch weg ins Krankenhaus müßte. Kinder – vor allem im Alter von zwei bis fünf Jahren – suchen alles auf, öffnen sämtliche Schubladen. Finden sie dann die Schächtelchen, spielen sie damit und stecken die Tabletten in den Mund. Jedes Jahr gibt es Hunderte derartiger Kinderunfälle durch Einnahme von starken Medikamenten der Erwachsenen.

Medikamente gut verschließen, aber auch Flaschen mit Laugen, Säuren, Reinigungsmitteln, Pflanzenschutzmitteln, Insektenvertilgungsmitteln!

Wenn es schon passiert ist, dann gilt es schnell zu handeln:

Wenn man »die Gifteinnahme« und den »Medikamentenkonsum« rechtzeitig bemerkt, sind die Erfolgsaussichten für die Rettung ausgezeichnet.

Auch verwirrte alte Menschen oder Senioren mit schlechter Sehkraft nehmen oft aus Versehen Überdosen von Medikamenten, und man findet sie dann häufig bewußtlos im Bett. Ist das Kind oder der Erwachsene bewußtlos oder schwer ansprechbar, dann sofort ins Krankenhaus einliefern lassen, möglichst mit Blaulicht.

Im übrigen gelten folgende Maßnahmen:

1. Möglichst viel Wasser oder Fruchtsäfte trinken lassen oder einflößen.
2. Bei allen gefährlichen Medikamenten – dazu zählen auch Herz-, Blutdruck-, Rheumamittel – sofort in die nächste Klinik einweisen.

3. Die meisten großen Städte haben toxikologische (= Gift-)Abteilungen. Dort kann man auch telefonische Auskunft über das Medikament und seine Wirkung bei Mißbrauch erhalten.

Wichtig ist es, sich die Telefonnummer der nächstgelegenen toxikologischen Krankenhausabteilung aufzuschreiben. Sie sind alle rund um die Uhr besetzt.

Wichtig ist diese Telefonnummer auch deshalb, weil man einmal im Alter vielleicht selbst zuviel Medikamente eingenommen hat oder beim Trinken aus einer Flasche etwas Ätzendes oder Giftiges erwischt hat.

Immer dem Kind oder Erwachsenen oder alten Menschen bei Einlieferung ins Krankenhaus die Medikamentenschachtel, die Flasche oder das Fläschchen mitgeben. Es ist für den Arzt ganz wichtig, daß er das Mittel oder Medikament kennt. Er kann dann viel schneller handeln und seine Behandlung einleiten!

3 »Panoramawechsel« der Krankheiten im letzten Jahrhundert

Die alten und die neuen »Killer«

In diesem Jahrhundert ist ein einschneidender Wechsel in den »Killer«-Krankheiten eingetreten.

Der bekannte Professor der Geschichte der Medizin Dr. med. Dr. phil. Schipperges[4] formulierte es so: »Wenn man einmal von der Säuglingssterblichkeit absieht, deren Absinken man in erster Linie der vielgerühmten Verdoppelung der Lebenserwartung in einem einzigen Jahrhundert zu verdanken hat, so imponieren uns um das Jahr 1900 als die ›großen Killer‹ im Grunde nur vier Todesursachen, nämlich: die Tuberkulose, Lungenentzündungen, Diphtherie und Schlaganfälle. Die übrigen Infektionskrankheiten spielten keine entscheidende Rolle, wenn man die Altersklassen unter 60 Jahren und über einem Jahr berücksichtigt (Spree 1981). Erst mit Beginn des 20. Jahrhunderts – und dann mit bedrohlich anwachsender Gewichtigkeit – sind die ›**neuen Killer**‹ aufgetreten, in erster Linie **Herz- und Kreislaufkrankheiten**, dann auch die **Karzinome (Krebs)**, schließlich die **Nervenkrankheiten**, alles Erkrankungen also, deren Charakteristikum das chronisch gewordene Leiden darstellt.«

Die Menschen werden älter

Insgesamt werden Menschen heute viel älter als früher: die bessere ärztliche Versorgung, neue Operationsmethoden, neue Medikamente – man denke nur an das Penicillin –, bessere und gesündere Ernährung, mehr Hygiene. Trotz der Umweltschäden, der stärkeren Belastung in der Arbeit am Fließband und am Bildschirm, trotz Streß und der Hetze des Alltags!

Dafür gehen aber viel mehr Menschen in den Vorruhestand, sie werden frühzeitig pensioniert und invalidisiert – leben aber dann viel länger als früher. Es tauchten immer wieder Überlegungen auf, das Rentenalter auf 70 Jahre anzuheben, was das Rentenreformgesetz vom 1. Januar 1992 – für kurze Zeit – ermöglichte. Denn am 8. Juli 1994 beschloß der Bundestag, das Rentenalter wiederum auf 65 Jahre festzulegen.

Die Lebenserwartung der Deutschen in den alten und neuen Bundesländern ist seit Beginn der 70er Jahre bis 1991 im Schnitt um fast fünf Jahre gestiegen. So betrug die statistische Lebenserwartung von 60jährigen Männern 1993 78 Jahre, bei 60jährigen Frauen sind es 81,2 Jahre.

Man hat errechnet, daß ohne Verlängerung der Lebensarbeitszeit auf 70 Jahre die Beitragssätze für die Rentenversicherung bis zum Jahre 2005 auf über 20 % angehoben werden müßten (heute 17,7 %).

Einschneidende Änderungen im Leben der Menschen

Nehmen wir das Leben der Frau. Um 1900 war der Beginn der ersten Monatsblutung bei etwa 16 Jahren, heute bei elf bis zwölf. Die Monatsblutung hörte früher mit 45 Jahren auf, heute mit circa 51 Jahren.

War um die Jahrhundertwende die mittlere Lebenserwartung der Frau 42 Jahre, so sind es heute 81,2 Jahre. Hatte vor 100 Jahren eine Frau mit der Geburt ihres letzten Kindes zwei Drittel ihres bewußten Lebens hinter sich, so hat sie heute die Hälfte vor sich. Wenn heute die erwachsenen letztgeborenen Kinder aus dem Hause gehen, ist die Mutter meist erst 55–60 Jahre alt, sie lebt dann meist noch zwei Jahrzehnte allein und oft vereinsamt, weil der Mann meist vor ihr stirbt (mittlere Lebenserwartung des Mannes 78 Jahre).

Sie muß sich unbedingt noch eine Betätigung, eine Beschäftigung suchen: Hilfe in sozialen Organisationen, Nachbarschaftshilfen, Tätigkeiten in der Volkshochschule, in Kursen und in Verbänden bieten sich an!

4 Ernährungsfehler im Alter

Mangelernährung durch schlechte Zähne und Vereinsamung

Nach neuen Forschungsergebnissen steht es um das Ernährungsverhalten alter Menschen nicht zum besten. Fast jeder vierte ist unterernährt, jeder dritte ißt zuviel. Kaum einer nimmt genügend Vitamine zu sich, und fast alle trinken zuwenig. Das sind die Ergebnisse einer Studie des Geriatrischen Zentrums Bethanien in Heidelberg mit 300 Patienten im Durchschnittsalter von 80 Jahren. Das größte Problem sieht Dr. G. Schlierf, Leiter der Untersuchungen, in **der Mangelernährung**. Die Sterbequote der extrem Dünnen lag doppelt so hoch als bei den Normal- und Übergewichtigen.

Eine der Ursachen für die mangelhafte Ernährung sind die oft **nicht passenden dritten Zähne**. Der unangenehme Gang zum Zahnarzt wird ständig verschoben. Kau- und Schluckbeschwerden nehmen den Senioren schließlich die Lust am Essen.

Also den Mut fassen und sich beim Zahnarzt anmelden, wenn es mit den Zähnen nicht stimmt! Heute ist die Behandlung im allgemeinen so fortschrittlich, daß man gar nicht viel spürt. Und der Rentner jeder Krankenkasse hat seine Chipkarte für die zahnärztliche Behandlung!

Viele alte Menschen essen aber auch zuwenig und zu unregelmäßig. Witwer, die es gewohnt waren, versorgt zu werden, tun sich besonders schwer am eigenen Herd. Viele Witwen verlieren die Lust, für sich allein zu kochen. Aber gerade das Kochen bringt ja Bewegung und Abwechslung in den Tagesablauf. Beim Einkaufen trifft man doch oft Bekannte, und der Tag ist dann nicht so trist. Oft behindern auch körperliche Beschwerden und Gebrechen das Schneiden von Obst, Gemüse und Fleisch. Hinzu kommt dann meist die soziale Isolation, das Alleinsein, das vielen buchstäblich »auf den Magen schlägt«. Wenn es mit dem Einkaufen und dem Kochen gar nicht mehr geht, dann bestellen Sie doch das »Essen auf Rädern«, das es heute in allen Gemeinden und Städten gibt! Gleichzeitig bringt der Besuch der Essensbringer etwas Unterhaltung und ein kleines

Gespräch. Erkundigen Sie sich, wo es in Ihrer Umgebung oder Nachbarschaft eine »Essen auf Rädern«-Ausgabe gibt!

Vitaminmangel ausgleichen

Dem **Vitaminmangel** kann man leicht vorbeugen, wenn man sich zum Abendessen Obst der Jahreszeit holt, dazu Joghurt und ein Quark- oder Butterbrot ißt. Auch ein paar Tassen Vollmilch soll man im Alter öfter trinken, dazu ein Honig-Vollkornbrot essen. Es schmeckt gut, bringt Abwechslung und dazu genügend Vitamine, wie vor allem das wichtige Vitamin E. Es gibt heute auch so herrliche fremdländische Obstsorten, wie beispielsweise die Papaya mit ihrem das Immunsystem kräftigenden Gehalt. Als Tabletten eignen sich Wobenzym – sie bauen auf, stärken das Immunsystem und schützen vor Krebs.

Wichtig ist auch, **daß man Freude am Essen** hat, daß man sich den Tisch schön deckt und auch einmal Gäste und Freunde einlädt. Es gibt viele Gleichaltrige, die auch froh sind, wenn sie sich mit anderen Menschen unterhalten können, und diese dann wieder zu sich nach Hause einladen. Eine Mahlzeit mit den Kindern aus den Leibspeisen von damals macht allen viel Freude. Auch im Altenheim soll man die gemeinsame Tischgesellschaft pflegen und sich auch öfter zum Kaffee zusammensetzen. Zu zweit und zu dritt schmeckt es gleich besser – und wenn es schmeckt, schlägt es auch besser an!

5 Sexualität im Alter

Man spricht nicht gern darüber – auch nicht beim Arzt –, man geniert sich: Sexualverkehr im Alter – ist das nicht unanständig, gar »pervers«?

Geschlechtsverkehr bis ins hohe Alter

Viele ältere Frauen glauben überhaupt, daß mit Einsetzen der Menopause die Sexualität erlösche, was nicht stimmt. Auch ältere Frauen können den Orgasmus erleben, der ja in der Klitoris entsteht und nicht etwa aufgrund intakter Gebärmutter oder Eierstöcke. Auch ältere Herren ihrerseits akzeptieren nur ungern die altersbedingten Grenzen ihrer Leistungsfähigkeit. Beim 12. Seminarkurs der Sektion Endokrinologie des Berufsverbandes Deutscher Internisten in Wiesbaden (»Medical Tribune« vom 30. Juli 1993) formulierte Professor Dr. Götz Kockott von der Psychiatrischen Klinik und Poliklinik des Klinikums rechts der Isar in München interessante wissenschaftliche Erkenntnisse: Keine Frage, ältere Menschen sind, wenn sie die Möglichkeit haben, sexuell aktiv und durchaus imstande, aus sexuellen Kontakten Befriedigung und Zufriedenheit zu ziehen. So haben 82 % der männlichen und 64 % der weiblichen gesunden 80- bis 90jährigen zärtliche Kontakte, zwei Drittel der Senioren und ein Drittel der Seniorinnen sogar in Form von Geschlechtsverkehr.

Professor Kockott wies auf einige wichtige Tatsachen hin, die viele alte Menschen häufig nicht wissen: Die Erregungsphase bedarf physiologisch bedingt längerer Stimulation, das Ereignis selbst ist kürzer, die Rückbildung der sexuellen Erregung verläuft rasch, und die Zwischenzeit bis zum nächsten Sexualverkehr dauert ein hübsches Weilchen länger als beim jungen Menschen. Während Frauen auch nach der Menopause sexuell kaum beeinträchtigt sind,. empfinden es Männer mitunter als recht unangenehm, daß ihr Vermögen jenseits der 50 deutlich einknickt. Unausweichliche Folgen: Zu den altersbedingten Grenzen der männlichen Sexualität gesellen sich Versagensängste, die eine vorübergehende Störung der Erektion rasch in eine dauerhafte und bleibende verwandeln können! Es ist dann die Angst vor dem »Verkehren-Müssen«, die oft schwer zu lösen ist und eines psychischen und sogar eines psychotherapeutischen Zuspruchs bedarf, vor allem auch der Mithilfe der Partnerin.

Die Kohabitation geht, die Zärtlichkeit kommt

Was aber wichtig ist und was jeder ältere Mensch wissen muß, das beschrieb der Sexualwissenschaftler Professor Kockott so: »Die Sexualität im Alter wandelt sich vom genitalen zum spirituellen Erlebnis, **die Bedeutung des Koitus nimmt ab, die Zärtlichkeit wird wichtiger**!«

Potenzsteigerung im Alter

Freilich gibt es für Männer potenzsteigernde Mittel, die der Arzt empfehlen kann, mit dem man sich aber auch offen darüber aussprechen sollte. Das beste Mittel der Potenzsteigerung ist nach wie vor eine gesunde Lebensführung ohne Nikotin, mit nur wenig Alkohol. Vitamin E gilt als Schlüsselvitamin für den gesamten Stoffwechsel und auch für den Ablauf der Sexualfunktionen. Neben rezeptfreien Vitamin-E-Präparaten (Optovit) enthalten viel Vitamin E: Weizenkeimöl, Weizenkeimflocken, Haferflokken, Vollkornbrot, Feldsalat, Grünkohl, Schwarzwurzeln, ungeschälter Reis u. a. Freilich ist im Alter die Samenflüssigkeit geringer. Es kann sogar zu einem trockenen Orgasmus kommen. Dabei wird der Samen nicht ausgestoßen, sondern fließt in die Blase. Daher ist der Urin dann trübe gefärbt; das braucht nicht zu beunruhigen.

Herz und Kreislauf werden durch sexuelle Aktivität kaum belastet, vor allem wenn der Organismus daran gewöhnt ist. Auch nach operierter Prostata ist Geschlechtsverkehr möglich.

Die Hauptkrankheiten im Alter

Nach der Statistik sterben im Durchschnitt in der Bundesrepublik

an Herz- und Kreislauferkrankungen	50,6%
an Krebserkrankungen und bösartigen Neubildungen	22,4%
Erkrankungen der Atemwege	6,0%
Erkrankungen der Verdauungsorgane	5,0%

Für den älteren Menschen werden wohl dieselben Prozentsätze gelten, vielleicht noch etwas höhere als für die Gesamtbevölkerung.

Auffallend sind die Unterschiede in den verschiedenen Gegenden und Bundesländern. So sind bei der **Todesursache Nummer eins, den Herz- und Kreislauferkrankungen**, große Unterschiede in den einzelnen Ländern vorzufinden. Nach dem Sechs-Jahres-Durchschnitt 1980/1985 des Statistischen Bundesamtes starben an Herz- und Kreislauferkrankungen: in Hamburg nur 46,4 %, in Bayern 48,9 %, in Nordrhein-Westfalen 51,6 %, im Saarland 53,5 % und als Schlußlicht in Rheinland-Pfalz sogar 55,3 %.

Sicher haben hierauf Ernährungsformen, Wohnformen, Arbeitsbedingungen, Alkohol- und Nikotinverbrauch Einfluß. Es wird wohl aber auch darauf ankommen, wie sehr die Bevölkerung Risikofaktoren, wie Umwelt, Luft und Luftverschmutzung, Klima, ausgesetzt ist, die die Herz- und Kreislauferkrankungen fördern und begünstigen, und wie weit sie sie vermeidet und »gesund« lebt.
Auch bei den **Krebserkrankungen** sind prozentuale Unterschiede zu verzeichnen. So führte man manchmal die erhöhten Zahlen in Westfalen und Niederbayern auf den erhöhten genuß von Rauchfleisch zurück.

I. Die Herz- und Kreislauferkrankungen

1 Das Herz – Das Altersherz – Die Herzinsuffizienz

Auch wenn wir alle Risikofaktoren, die Herz und Kreislauf ungünstig beeinflussen, in unserer Lebensführung ausschalten können, so wird trotzdem unser Herz mit zunehmendem Alter von Tag zu Tag und von Jahr zu Jahr schwächer und matter.
Ist dies denn verwunderlich, wenn es seit unserer Geburt und schon im Mutterleib ununterbrochen gearbeitet und Leistungen vollbracht hat, die ein technischer Motor unserer Zeit kaum so lange durchhalten würde?
Pumpt es doch unser Blut – beim Erwachsenen circa fünf bis sechs Liter – ununterbrochen – auch wenn wir schlafen – durch den Körper.

Der Blutkreislauf
Das Blut durchfließt ständig unseren Körper bis in die Enden jeden Fingers und jeder Zehe. Es hat die Aufgabe, den

Sauerstoff aus den Lungen und den Nahrungsgehalt aus dem Darm im Körper zu verteilen und die unbrauchbaren Stoffe in die Ausscheidungsorgane Nieren, Haut und Lunge zu transportieren.
Zur Beförderung des Blutes dient ein überall hinreichendes Rohrsystem, das ungefähr 2550 Kilometer lang ist (das ist die Entfernung von Hamburg bis Gibraltar).
Vom Herzen weg laufen die mit hellrotem, sauerstoffhaltigem Blut gefüllten **Schlagadern (Arterien)**, die sich immer weiter verästeln, bis in die letzten Endungen und Zellen. Die Schlagadern werden in ihrem Verlauf immer enger und enger; die ganz kleinen lösen sich in ein dichtes Netz feinster Blutgefäße auf. Diese heißen **Haargefäße**. Sie sind sogar noch 50mal dünner als die Haare. Ihre Wände sind so zart, daß das Blut durch sie hindurch Stoffe abgeben (Sauerstoff, Nährstoffe) und aufnehmen (Kohlensäure, Abfallstoffe) kann.
Der **Rückfluß des Blutes zum Herzen** erfolgt nicht mehr in den Schlagadern, sondern in Zubringeradern, **den Venen**. Das Blut fließt in ihnen langsam zum Herzen zurück, von dem es angesaugt wird. Da die Venen nicht den starken Pumpenschlag des Herzens aushalten müssen, haben sie keine so dicken Muskelwände wie die Schlagadern. Die Hauptvene mündet in die rechte Vorkammer des Herzens. Der **ganze Kreislauf dauert 23 bis 24 Sekunden**. Neben diesem großen oder Körperkreislauf gibt es noch einen kleinen oder **Lungenkreislauf**.

Der Motor, der das Blut in Umlauf bringt, ist das Herz. Es wirkt als Saug- und Druckpumpe. Es ist ein Hohlmuskel, nicht größer als eine Faust.
Seine tägliche Pumparbeit entspricht dem Heben von 10 000 Kilogramm um einen Meter. Das Herz ist in

vier Teile geteilt: linke Vor- und linke Herzkammer, rechte Vor- und rechte Herzkammer. Jede Vorkammer steht mit der Herzkammer durch eine Öffnung (Herzklappe) in Verbindung.

Welche Leistung also! Das Herz pumpt in einer Sekunde einen zehntel Liter, in einer Minute sechs Liter, in einer Stunde 400 Liter, an einem Tag 10 000 Liter!
Daß nach 59, 60, 70, 80 Jahren und mehr dieser Muskel immer schwächer wird, ist klar. Es ist primär kein krankes, sondern lediglich ein in seiner physiologischen Anpassungs- und Leistungsbreite eingeengtes Herz. Es ist in einem Zustand erhöhter Versagensbereitschaft, die besonders dann auftritt, wenn starke körperliche und seelische Belastungen, Infektionen oder andere Erkrankungen dazukommen.

Welche Beschwerden weisen im Alter auf eine Schwäche des Herzens hin?

- Schon bei geringer Belastung, beim Treppensteigen, einem schnelleren Laufen tritt Atemnot ein.
- Abends sind die Füße angeschwollen, und es lassen sich in den Unterschenkel Dellen drücken.
- Diese Schwellungen (Ödeme) vergehen, wenn man sich tagsüber hinlegt und sich entspannt oder über Nacht im Bett.
- Tagsüber fließt wenig Urin, dafür nachts mehr Ausscheidung.
- Schon frühmorgens ist man müde und matt.

Da ist es nun an der Zeit, zum Arzt zu gehen, der nach seinen Untersuchungen Ratschläge gibt zur entsprechenden Lebensführung oder herzkräftigende Medikamente verordnet. Für Stadien der Vorinsuffizienz und bei geringen Insuffizienzerscheinungen gibt es leichtere, oft homöopathische Mittel (z. B. Crataegus = Weißdorn-Präparate), eine schwerere Herzschädigung wird meist mit Glykosiden (Fingerhut-Präparaten) oder anderen Mitteln (wassertreibende Mittel, ACE-Hemmer) behandelt. Dies kann nur der Arzt entscheiden.

Merke: Falsch wäre es nun, sich ins Bett zu legen und sich nicht mehr zu bewegen und zu betätigen.

Freilich muß man nach dem Auftreten einer solchen erkennbaren Schwäche der Herztätigkeit, einem solchen **»Leistungsknick«**, langsamer treten und darf sich nicht übernehmen, aber man muß langsam steigernd sein Herz durch körperliche Belastungen, durch Bewegen und Gehen kräftigen.

Vorsicht ist geboten bei Überlastungen, bei Überanstrengung, sei es z. B. Schneeschaufeln, schwere Gartenarbeit, aber auch kräftezehrende Anstrengungen wie Bergtouren.

2 Herzrhythmusstörungen

Herzrhythmusstörungen können schon in jungen Jahren auftreten, aber mit zunehmendem Alter sind sie besonders häufig. Sie sind meist Ausdruck eines vorgeschädigten oder nervlich oder körperlich überstrapazierten Herzens. Das Herz schlägt normalerweise automatisch in einem gleichmäßigen Rhythmus, den man am Puls fühlen kann. Dieser ist auch beim gesunden Menschen Schwankungen unterworfen. Bei Anstrengungen und Aufregungen schlägt das Herz schneller, so daß man den Schlag bis in die Fingerspitzen spürt. Das ist normal. Bei einer Herzrhythmusstörung schlägt das Herz unregelmäßig oder dauernd zu schnell oder zu langsam. Die Ursachen können sehr unterschiedlich sein. Oft liegt eine Dauererkrankung zugrunde, die eine Dauerbehandlung notwendig macht. Auch hier brauchen Sie die Hilfe Ihres Arztes. Er wird Sie untersuchen – oft mit Hilfe des Langzeit-EKGs – und Ihnen Medikamente verordnen. Diese müssen Sie zuverlässig einnehmen.

Medikamente und Änderung des Lebensrhythmus

Nicht alle Rhythmusstörungen müssen mit Medikamenten behandelt werden. Zur Unterstützung der medikamentösen Behandlung sollten Sie Aufregung, Hast und Hektik auf ein Mindestmaß senken und körperliche und seelische Überforderung – soweit möglich – vermeiden. Versuchen Sie, Gelassenheit zu bewahren und häufiger abzuschalten.

Der Herzschrittmacher

Oft helfen Medikamente allein nicht mehr. Vor allem wenn das Herz zu lange aussetzt; wenn nachts der Puls nur noch 30 oder 40 Schläge in der Minute zeigt, wird man einen **Herzschrittmacher** einsetzen müssen. Die modernen Herzschrittmacher sind kleine elektronische Geräte, die dem Herzen einen gleichmäßigen Schlag impulsieren. Der Herzschrittmacher wird in den Brustkorb eingesetzt – dies erfordert meist nur ein bis zwei Tage Krankenhausaufenthalt. Von Zeit zu Zeit muß er überprüft werden, da er von einer Batterie gespeist wird.

Es gibt heute schon Zehntausende von Herzschrittmacher-Patienten, die wieder voll ihrer Arbeit nachgehen, wandern und Sport treiben können.

3 Der Herzinfarkt

Einen gewaltige Bedrohung für das Leben eines Menschen stellt der Herzinfarkt dar, schon weil er jedem bekannt ist als ein gefährliches, unter Umständen tödlich verlaufendes Ereignis.

Vorboten erkennen

Ein Herzinfarkt hat wie ein Gewitter oder Sturm seine Vorboten. Zwar ist er ein akutes, meist urplötzlich auftretendes Ereignis, meldet sich aber oft schon vorher an. Meist treten Angina-pectoris(= Brustenge)-Anfälle auf: Schmerzen hinter dem Brustbein, Ausstrahlung in die linke Schulter und den linken Oberarm bis in die Hand, aber auch in den rechten Arm, in Nacken, Hals und Unterkiefer – jedoch nie Oberkiefer.
Auslösend können sein: körperliche Belastungen, Kälteeinwirkungen, abrupter Wetterwechsel, ein zu reichliches Essen, aber auch Ärger, Angst, Leistungsdruck, schnelles und aufregendes Autofahren.
Der normale Angina-pectoris-Anfall dauert eine bis fünf Minuten. Über 30 Minuten anhaltende Schmerzen sind infarktverdächtig. Dazu treten Vernichtungsgefühl, Angst, Schweißausbrüche, Blässe. Die Schmerzen hinter dem Brustbein sind unerträglich. Freilich verläuft der Herzinfarkt nicht immer so typisch.
Vor allem im Alter treten die Symptome nicht immer so stark auf. Oft sind nur starke Magenbeschwerden vorhanden, auch treten akute Verwirrtheitszustände auf. Übelkeit und Erbrechen sind oft die einfachen Anzeichen.
Erst das EKG – vor allem das Belastungs-EKG – deckt die wirkliche Diagnose auf.
Der Herzinfarkt wird immer ausgelöst durch eine plötzli-

che Durchblutungsstörung der Herzkranzgefäße, was das Absterben eines beträchtlichen Teils des Herzmuskels zur Folge hat. Ein Thrombus (Blutgerinnsel) verstopft einen Ast einer Koronararterie (Koronarverschluß), das Herzmuskelgewebe geht kaputt (Infarkt).

Eingehende Auskunft erteilt: Deutsches Herzzentrum e.V. Wolfgangstr. 20, 60322 Frankfurt/M., Tel. 069/95 67 98-0

Der Rettungsplan ist wichtig

Treten die vorher genannten Erscheinungen auf, so gilt es zu handeln:

- Sind sie leichter Natur, kann ein Anruf beim Hausarzt oder Notarzt genügen, bei stürmischem Verlauf gleich Rettungszentrale oder Blaulichtarzt anrufen.
- Maximale Wartezeit 15 Minuten, bei starken Schmerzen sofort Arzt oder Notarzt anrufen.
- Zwingen Sie den Patienten nicht zu einer bestimmten Sitz- oder Liegeposition. Er weiß selbst am besten, was seine Schmerzen lindert.
- Beengende Kleidung öffnen.
- Radio und Fernsehen abschalten.
- Beim Telefonat Arzt oder Rettungsleitstelle genaue Angaben machen über Beschwerden. Risikofaktoren nennen. Verdacht auf Herzinfarkt äußern.[5]
- **Habe ich die Telefonnummern von Hausarzt, Notarzt, Rettungsleitstelle, eventuell Feuerwehr an meinem Telefon liegen?**

Man sollte wissen, wann man als Laie an einen Herzinfarkt denken muß. Denn hier ist schnelles Handeln, schnelles Herbeiholen eines Arztes, schnelle Aufnahme in ein Krankenhaus meist lebensrettend.

Hier soll man – das gilt besonders auch für Angehörige – nicht zu lange warten. Lieber einmal den Hausarzt oder Notarzt umsonst holen als zu spät, lieber einmal eine Einlieferung ins Krankenhaus zuviel als eine zuwenig!

4 Der Schlaganfall – Apoplexie

Während der Herzinfarkt durchaus schon im mittleren Lebensalter vorkommt – und immer öfter –, ist der Schlaganfall (Apoplexie) mehr eine Erkrankung im Alter, vor allem im hohen Alter. Man rechnet in der alten Bundesrepublik mit circa 500 000 frischen Schlaganfällen im Jahr. Das Apoplexie-Syndrom steht unter den Todesursachen bei Patienten im Alter von über 65 Jahren an zweiter Stelle.
Apoplexie oder Schlaganfall sind Sammelbegriffe für verschiedene Formen der Mangeldurchblutung des Gehirns (zerebrale Durchblutungsstörungen).
Die Apoplexie im Alter ist in der Regel Folge eines **Hirninfarktes**, aufgrund einer Thrombose einer Gehirnarterie. Im Alter von über 65 Jahren gehört die Massenblutung im Schädel bereits zu den selteneren Apoplexieursachen.

Vorboten
Auch hier gibt es oft schon Tage oder Stunden vorher Voranzeichen des plötzlichen Ereignisses:
- Schwindel, Kopfschmerzen
- Flimmern vor den Augen
- flüchtige Muskelverspannungen
- leichte Bewußtseinsstörungen
- depressive Verstimmungen
- Verwirrtheitszustände

Schnelles Handeln notwendig

Schlagartig ist dann meist der Beginn des Schlaganfalles mit Bewußtseinsverlust und Lähmungserscheinungen. Sicher haben Sie auch hierfür die Telefonnummern von Hausarzt, Notarzt, Rettungsleitstelle, Krankenhaus griffbereit!

Merke: Auch hier gilt:
Sofort Arzt, Notarzt, Rettungsdienst oder Krankenhaus verständigen und die sofortige Einlieferung ins Krankenhaus in die Wege leiten! Je früher die Behandlung erfolgt, um so besser sind die Aussichten auf Heilung.

Der Arzt oder das Krankenhaus können aufgrund der Untersuchungen feststellen, auf welcher Gehirnseite und in welcher Gehirnzentrale die Thrombose aufgetreten ist. Danach können sie ihren Therapieplan aufstellen.
Wenn man die Angehörigen fragt, so berichten sie doch meist über vorausgegangene starke psychische Belastungen oder ungewohnte körperliche Arbeit (Schneeräumen, schweres Heben, Koffertragen, Reifenwechsel beim Auto). Auch das Wetter spielt oft eine große Rolle (Föhn, direkte Sonnenbestrahlung oder Durchzug von Wetterfronten – »Apoplexiewetter«). Nicht selten gehen Aufregungen oder übermäßiges und ungewohntes Essen voran. Schlaganfälle nach Geburtstagsfeiern oder besonderen Feiertagen sind nicht selten.
Besonders gefährdet sind alte Menschen mit gehäuften Risikofaktoren, wobei Bluthochdruck, erhöhte Cholesterinwerte und Rauchen eine erhebliche Rolle spielen.
Die erste Behandlungsphase geschieht immer im Krankenhaus (akute Phase), entscheidend sind dann aber, nach Rückkehr aus dem Krankenhaus, die Weiterbehandlung und die Rehabilitation.

5 Rehabilitation von Herzinfarkt- und Schlaganfall-Patienten

Entscheidend dafür, wie der alte Mensch, der einen Herzinfarkt oder einen Schlaganfall erlitten hat, dann zu Hause lebt, ist nicht nur der Erfolg der Krankenhausbehandlung, sondern weit mehr derjenige der weiteren Reha- (= Rehabilitations = Wiederherstellungs)-Maßnahmen. Heute gilt mit vollem Recht der Grundsatz:

Rehabilitation vor Pflege
Rehabilitation kann stationär, teilstationär (Tageskliniken) oder ambulant in der eigenen Wohnung durchgeführt werden.
Stationär wird sie in vielen Fällen als **Anschlußbehandlung** in einem **Rehabilitationszentrum oder Sanatorium** durchgeführt. Überall in der Bundesrepublik sind Spezialkliniken und Rehabilitationszentren für Herzinfarkt- und Schlaganfall-Patienten entstanden, wobei die Kliniken für Schlaganfall-Patienten mit Lähmungen an Behandlungszentren für Wirbelsäulen- oder Gelenkgeschädigte gekoppelt sind. Hier wird mit den neuesten Methoden, mit physikalischen Hilfen, mit Anleitung zur Bewegung, mit Krankengymnastik, mit Logopädie und Sprechübungen, mit psychischer Unterstützung und Förderung versucht, eine Heilung und eine Besserung des Zustandes herbeizuführen.
Der Patient soll wieder befähigt werden, möglichst selbständig in seinem bisherigen Zuhause leben zu können oder sich wenigstens mit Hilfe der Angehörigen oder der Helfer der Sozialstationen zurechtzufinden und den Alltag zu bewältigen.
So kann bei vielen, ja den meisten die Aufnahme in ein Pflegeheim vermieden werden.

Aber auch **teilstationäre** Nachbehandlung in den manchen Krankenhäusern angeschlossenen Behandlungszentren gibt es schon – vor allem in Großstädten. Diese Tageskliniken besucht der Patient von seiner Wohnung aus, oder er wird abgeholt. Der weitaus größere Teil kommt vom Krankenhaus gleich nach Hause und wird dort **ambulant** versorgt. Hier muß der Hausarzt in einem gemeinsamen Konsilium (Beratung) mit den Angehörigen und den Pflegekräften festlegen, welche Hilfen der Patient zur Nachsorge braucht, angefangen von den Pflegern und Schwestern der Sozialstationen oder ambulanten Hilfen, bis hin zu den Krankengymnasten, Beschäftigungstherapeuten und Logopäden. Um eine »sanfte Überleitung« vom Krankenhaus nach Hause zu gewährleisten, ist man bemüht, (z. B. in München) einen Kranken- und Pflegebericht frühzeitig – etwa acht Tage vorher – vom Krankenhaus zum Hausarzt zu schicken, damit dieser die Rückführung in die häusliche Umwelt mit den Angehörigen vorbereiten kann. Dies ist besonders bei Schwerpflegebedürftigen notwendig, vor allem bei alten Menschen nach Schlaganfällen. Hier können auch die vielen Hilfsmöglichkeiten und Hilfeleistungen genützt werden, die zur Verfügung stehen. In meinem Buch »Lebensfahrplan für die Älteren« habe ich sie alle aufgeführt.

Nützen Sie die Hilfsangebote, die heute unsere Gesellschaft, die Kirchen und der Staat zur Verfügung stellen! Sie brauchen sich nicht zu schämen, diese Hilfen in Anspruch zu nehmen. Sie sind für Sie da – und Sie brauchen sie!

Wichtig ist aber auch, daß der alte Mensch nach lebensbedrohlichen Erkrankungen wieder Selbstvertrauen, Mut und Freude zum Leben bekommt. Hierzu braucht er Sie – die Angehörigen!

Wie kommt man zu den Hilfen, die unsere Gesellschaft bietet?

Viele Städte und Landgemeinden haben Broschüren und Mitteilungen herausgegeben, in denen Sie die Adressen der Hilfskräfte finden.[6] Auch Ihr Arzt weiß darüber Bescheid und berät Sie. Warten Sie nicht zu lange, fangen Sie gleich damit an – vom ersten Tag an! In vielen Fällen, ja in sehr vielen Fällen bringt die ambulante Behandlung im Anschluß an die Krankenhausbehandlung gute Erfolge. **Es lohnt sich, alte Menschen engagierter zu versorgen, als es generell üblich ist!** Übung der im täglichen Leben notwendigen Tätigkeiten (sich anziehen, allein essen, aufräumen, Geschirr spülen, Boden saugen) erspart oft die Einweisung in ein Pflegeheim. Der Chefarzt der Klinik für Geriatrie und Rehabilitation im Stadtspital Waid in Zürich, Professor Dr. Paolo Six, berichtet von 79 Patienten, die bereits definitiv für ein Pflegeheim angemeldet waren. Durch ein gezieltes Training alltäglicher Kompetenzen – teils in seiner Klinik, teils bei den Patienten zu Hause, verbunden mit einer Nachbetreuung der alten Menschen – sei es gelungen, mehr als zwei Drittel dieser 79 Patienten wieder »nach Hause zu bringen«.

Dieser Erfolg habe inzwischen über Monate stabilisiert werden können. International beläuft sich die Rehospitalisationsquote bei vergleichbaren Patienten auf 26 bis 48 % (»Ärzte-Zeitung« vom 5. Juni 1989).

Großen Vorteil bringt es auch, wenn das ärztliche Hilfspersonal, die Laborkräfte und Sprechstundenhilfen des Hausarztes bei der Betreuung der Schwerst- und Schwerpflegebedürftigen, die meist nicht mehr außer Haus gehen können, mithelfen, z. B. bei Laboruntersuchungen, EKG, Injektionen. Sprechen Sie deshalb Ihren Hausarzt an!

II. Vermeidung der Herz- und Kreislauferkrankungen

Die Risikofaktoren

Die Erkrankungen des Herzens und des Kreislaufs sind überwiegend bedingt oder werden vorbereitet durch sogenannte **Risikofaktoren**. Sie zu haben oder nicht zu haben, hängt überwiegend vom einzelnen Menschen selbst ab, von seiner Lebensführung, seiner Ernährung, seiner körperlichen und geistigen Bewegung.

Die Risikofaktoren sind:

1. Rauchen
2. Übergewicht
3. Bluthochdruck
4. Streß
5. Bewegungsmangel
6. erhöhte Cholesterinwerte
7. erhöhte Harnsäurewerte
8. erhöhte Zuckerwerte

Je mehr Risikofaktoren bei einem Menschen zusammenkommen, um so mehr ist er gefährdet durch die lebensbedrohlichsten Formen der Herz- und Kreislauferkrankungen: den Herzinfarkt und den Schlaganfall.
Sie sind letztlich keine Alterskrankheiten, da sie auch schon in vielen Fällen vor dem 60., ja vor dem 50. oder 40. Lebensjahr vorkommen; aber sie sind doch immer häufiger die »Killer« der alten Menschen unserer Tage.

Der Gewichtung der Risikofaktoren nach stehen im Vordergrund:
Bei den Erkrankungen der **Herzkranzgefäße**
1. Nikotin
2. Cholesterin
3. Bluthochdruck

Bei der Erkrankung der **Gehirngefäße**
1. Bluthochdruck
2. Cholesterin
3. Nikotin

Die anderen Risikofaktoren sind auch nicht weniger mitentscheidend zur Krankheitsauslösung, sie spielen aber vor allem dann eine Rolle, wenn sie zu einer Vermehrung der Risikofaktoren beitragen.

Entscheidend: Früherkennung der Erkrankung

Je früher man seine Erkrankung erkennt, je früher man bestehende Risikofaktoren aufspürt und je früher man dann sein Leben und seine Ernährung danach richtet, um so besser sind die Chancen für Heilung und Wiederherstellung der Gesundheit.

Eine große Hilfe: Die Gesundheitsvorsorge-Untersuchung

Eine große Hilfe dazu ist die von den gesetzlichen Krankenkassen in der Bundesrepublik seit dem 1. Oktober 1989 im Rahmen des Gesundheitsreformgesetzes (GRG) eingeführte Gesundheitsvorsorge-Untersuchung.
Die Gesundheitsvorsorge-Untersuchung, den »Gesundheits-Check-up«, – wie man oft im Volksmund hört – die Durchcheckung nach Risikofaktoren kann man alle zwei Jahre in Anspruch nehmen, wenn man das 35. Lebensjahr vollendet hat. Es muß lediglich beim Arzt unter Vorlage

der Chipkarte der Krankenkasse die Durchführung des Gesundheitschecks beantragt werden.
Jeder Bürger und jede Bürgerin soll diese einzigartige Einrichtung zum frühzeitigen Erkennen von Herz-Kreislauf-Erkrankungen und Stoffwechselleiden nützen.
Daß es dazu noch eine **Krebsvorsorgeuntersuchung** gibt, sei nebenbei bemerkt. Leider wird sie viel zuwenig in Anspruch genommen, vor allem von Männern. Auch hier genügt die Vorlage der Chipkarte.
Jeder praktische Arzt, jeder Allgemeinarzt und jeder Internist – jeder Hausarzt – führt die Gesundheitsuntersuchungen durch; diese decken nicht nur einen erhöhten Blutdruck auf, sondern durch die Abnahme des EKGs (Elektrokardiogramms) auch Herzstörungen. Eine große Blutanalyse zeigt die Blutzuckerwerte, die Cholesterinwerte, Leber- und Harnsäurewerte auf und gibt einen Einblick in das Blutbild; die Urinuntersuchung weist auf Nierenschäden hin. Der Untersuchung folgt die Beratung durch den behandelnden Arzt, der Vorschläge macht zu Lebensführung und Ernährung. **Und warum alle zwei Jahre?** Es kann sich doch bei jedem von uns in seinem Gesundheitszustand etwas ändern. Durch die regelmäßige Wiederholung hat sowohl der Patient als auch der Arzt ein klares Bild über die Entwicklung des Gesundheitszustands und kann sich danach richten.

Vorbeugen ist besser als heilen

Das Vorbeugen, das heißt Beseitigen vorhandener Risikofaktoren und Krankheitsherde, ist das Entscheidende. Je früher man Risikofaktoren erkennt, um so nachhaltiger kann man sie beseitigen.
Es liegt an jedem von uns, seine gesundheitlichen Schwächen, seine Risikofaktoren aufzuspüren, sie zu erkennen und gegebenenfalls sein Leben zu ändern!

So hat eigentlich jeder – mit gewissen Einschränkungen, bedingt durch Anlage, Konstitution, Umwelt und Erziehung – seine Gesundheit in der Hand. Diese Anschauung ist weltweit als richtig anerkannt. Eine internationale Expertengruppe (World Health Organization 1984) führte aus: »Forschungsergebnisse der jüngsten Zeit haben mit befriedigender Zuverlässigkeit gezeigt, daß

1. Behinderung im Alter nicht universal,
2. solche Behinderung nicht notwendigerweise irreversibel ist und
3. die mit dem Altern verbundenen Behinderungen nicht nur durch biologische, sondern auch durch soziale, psychologische und Verhaltensfaktoren beeinflußt sind.«

Die Vorschläge, die aus diesen Annahmen abgeleitet sind, gehen in Richtung einer **Förderung des eigenverantwortlichen Handelns im Sinne einer gesunden Lebensführung und einer Vermeidung von Risikofaktoren.**

1 Risikofaktor Rauchen

Das Rauchen ist Risikofaktor Nummer eins. Gefährlich ist es heute vor allem deshalb, weil viele – vor allem Mädchen – schon sehr früh damit anfangen. Das wirkt sich erst im Alter entsprechend ungünstig aus. Man muß immer wieder staunen über die Mengen, die in die Luft geblasen werden – eigentlich Geld, das zum Fenster hinausgeworfen wird.
Nach Berichten aus dem Jahr 1991 wurden für den »blauen Dunst« 33,3 Milliarden Mark ausgegeben, 1990 waren es nach Mitteilung des Statistischen Bundesamtes »nur« 30,8 Milliarden Mark. Die Einnahmen aus der Tabaksteuer beliefen sich 1991 auf 19,7 Milliarden Mark.

Jeder Deutsche rauchte – statistisch gesehen – im Jahre 1991 1820 Zigaretten (Gesamtzahl der Zigaretten 146,6 Milliarden). 1993 gaben die Raucher wieder 33,3 Milliarden Mark aus, was dem Bund 19,4 Milliarden Mark Steuern brachte.

Doch, da hört man schon den Gegeneinwurf von den alten Rauchern: Meine Zigarette, meine Zigarre, meine Pfeife nimmt Nervosität, gibt mir Ruhe, Gemütlichkeit und Beweglichkeit. Viele geistig schaffende, aber auch viele hart arbeitende oder mit diffiziler Arbeit Beschäftigte, viele Rentner glauben deswegen nicht darauf verzichten zu können. Und wie viele große und bedeutende Leute rauchen doch auch ihre Pfeife, ihre Zigarre, ihre Zigarette. »Und mein Großvater hat immer geraucht und ist 90 Jahre alt geworden.«

Ausnahmen – kann man da nur sagen. Denn es ist unbestreitbar, daß **Rauchen die weitaus häufigste vermeidbare Todesursache ist**. In den Ländern der alten Bundesrepublik sterben nach Erhebungen pro Jahr 140 000 Menschen vorzeitig an den Folgen des Rauchens, rund 100 000 werden vorzeitig arbeitsunfähig. Diese Zahlen wurden sogar auf Anfrage im Bundestag offiziell bestätigt.

Folgen des Rauchens sind im Alter: Bronchialerkrankungen, Raucher-Lungenkrebs, »Raucherbeine«, die oft amputiert werden müssen, Herz- und Kreislaufschäden.

Schwedische Forscher (Svanborg u. a. 1986) fanden noch andere schwere Schädigungen durch Rauchen bei alten Menschen: Aus früheren Lebensabschnitten herüberwirkendes starkes Rauchen ist mit früherem Auftreten von geistigen Abbauerscheinungen im Alter verbunden, wohl bedingt durch das erhöhte Risiko von Herz- und Gehirndurchblutungsstörungen. Auch fanden sie bei starken Rau-

chern, daß Skelettdichte, Muskelstärke und Gonadenfunktion (Aktivitäten der Geschlechtsdrüsen) im Alter rascher zurückgehen als bei Nichtrauchern.
Die beiden erstgenannten Faktoren begünstigen das Risiko von Knochenbrüchen, etwa den gefürchteten Schenkelhalsbruch bei alten Menschen.

Gesundheitsschädigung durch »Passivrauchen«
Unbestreitbar ist ebenfalls, daß das Rauchen die mit Abstand größte und gefährlichste Luftverschmutzung in Innenräumen darstellt. Dieser Luftverschmutzung sind auch die Nichtraucher ausgesetzt **(passives Rauchen)**. Mitbewohner eines Raumes – auch Arbeitsraumes – müssen zwangsläufig die durch das Rauchen mit vielen krebserzeugenden Stoffen verpestete Luft einatmen. Größte Gefahr geht dabei von dem sogenannten Nebenstromrauch aus, das ist der zwischen den Zügen durch das Weiterglimmen des Tabaks entstehende ungefilterte Rauch.
Besonders gefährdet sind durch den Rauch Kleinkinder, Kinder und in der Entwicklung stehende Jugendliche.
Wenn Eltern und Großeltern glauben, das Rauchen nicht lassen zu können, so sollen sie das doch nicht in Zimmern tun, in denen sie mit den Kindern zusammen sind.
Denn an der Gesundheitsschädigung durch dieses Zwangsmitrauchen = Passivrauchen kann nach wissenschaftlichen Erkenntnissen nicht mehr gezweifelt werden.
Sicher ist ein gesetzlicher Schutz der Nichtraucher längst überfällig. Noch fehlen die unwiderlegbaren Handhaben! Denn das Rauchen hat eine starke Lobby – schon allein durch die Zigarettenindustrie! Das Rauchverbot in öffentlichen Begegnungsstätten praktizieren schon Italien und Frankreich, dort sogar in öffentlichen Kaffees und Restaurants.

Viele Betriebe, Ämter und Dienststellen verbieten Rauchen in den Arbeitsräumen, Bahn und Flugzeug hatten schon immer die Trennung in Raucher- und Nichtraucherabteile.

Raucherentwöhnung

Im Alter das Rauchen noch aufhören? Rentiert sich denn das? Es rentiert sich immer – je früher, um so besser.

Freilich ist die Raucherentwöhnung bei einem alten Menschen schwierig. Er kennt aus der Presse und den Erzählungen anderer die vielfachen Schädigungen, die Rauchen verursacht. Er hat es immer überlesen oder überhört. Sicher hat ihm der Ehepartner schon oft das Leben damit sauer gemacht.

Manche haben das Entwöhnen schon einmal oder öfter probiert und die Krisen der Entwöhnung mitgemacht mit der schlechten Stimmung, der Gereiztheit, dem Abgeschlagensein, der Gewichtszunahme. Gewichtszunahme – weil man als Ersatzhandlung mehr ißt, vor allem Süßigkeiten.

Meist bringt erst ein schwerwiegendes und einschneidendes Erlebnis im Leben des Menschen, wie Herzinfarkt, Durchblutungsstörungen der Beine, Magengeschwüre, eine Abkehr vom Rauchen.

Oder man schaut in den Spiegel und sieht die verfärbten Zähne, die bräunlichen Finger, die ewig grau-fahle Gesichtshaut – in den Kleidern, den Haaren, der Wohnung steht der abgestandene Raucherdunst. Und dann kommt der stille Ehrgeiz, die eigene Schwäche zu überwinden, und man sagt sich: Jetzt ist Schluß damit!

Die Chance für den Raucher, ein Nichtraucher zu werden, beginnt dann, wenn er sich zum Nichtrauchen entschließt! Das »Ich will« ist das Entscheidende – mithelfen können

Raucherentwöhnungsmedikamente, Nikotinpflaster, die man alle unter ärztlicher Aufsicht anwenden sollte; manche empfehlen Ohrakupunktur und haben dabei Erfolge. Also: »Ich will«!

2 Risikofaktor Übergewicht

Nach der Nationalen Verzehrstudie, die in den Jahren 1985 bis 1989 im Auftrag des Bundesministeriums für Forschung und Technologie bei der westdeutschen Bevölkerung durchgeführt wurde, wiegen 39% der untersuchten Männer und 47% der Frauen zuviel, sind übergewichtig. Sicher wird dies in den neuen Bundesländern nicht so sein.
Im Alter wiegen bei den »Wessis« noch 14% der Männer und 30% der Frauen zuviel.

Hinter Übergewicht verbergen sich meist Risikofaktoren
Hinter dem Übergewicht verbergen sich oft Bluthochdruck, ein Übermaß an Cholesterin, Zucker oder Harnsäure, die meist allein schon verschwinden, wenn man einige Kilo abnimmt und abspeckt. Und viele bestätigen danach, daß sie leichter atmen und sich wohl fühlen.
Meist nehmen Übergewichtige im Alter ihr Übergewicht nicht mehr so schwer. Die »Dicken« sind ja von Haus aus meist fröhlicher, ausgeglichener, runder – wie ihre Formen.
Schon Shakespeare läßt seinen Cäsar sprechen:
»Laßt wohlbeleibte Männer um mich sein
mit glatten Köpfen und die nachts gut schlafen.
Der Cassius dort hat einen hohlen Blick,
die Männer sind gefährlich.«

Wo beginnt Übergewicht?
Die einfache Standardregel heißt: Man kann so viele Kilogramm über 100 haben, wie die Körpergröße in Zentimetern über 100 ist. Also, mißt man 168 cm, dann kann man 68 kg haben, oder man mißt 180 cm, dann kann man 80 kg wiegen. Freilich, 10 % darüber oder darunter kann man noch weitgehend als normal ansehen, doch gibt es auch hier strenge Verfechter der Grundregel unter den Ärzten.

Man soll im Alter auch nicht zu **abrupt fasten** und in kurzer Zeit große Gewichtsverluste erreichen wollen. Das ist eher schädlich als nützlich. Aber man soll schon konsequent vorgehen, da das Übergewicht ein nicht zu unterschätzender Risikofaktor ist, der besonders im Alter Zucker, Gicht, Arterienverkalkung, Arthrose der Gelenke, Krampfadern bei Frauen ungünstig beeinflußt.

Bewährt haben sich Fastentage oder kalorienarme Tage jede Woche oder ein- bis zweimal im Jahr eine echte Fastenwoche.

Alle, die die Kur mitgemacht haben, bestätigen, daß sie dabei kein Hungergefühl verspürt haben, sich bestens entwässert und entschlackt fühlen und drei bis fünf Kilo abgenommen haben.

Also – wer probiert es zum eigenen Wohlbefinden?

Viele Übergewichtige wollen sich ihr Übergewicht nicht eingestehen. Sie sagen: Das liegt in unserer Familie, auch Mutter und Vater waren so dick und rundlich. Da ist sicher etwas dran. Es gibt Familien, es gibt sogar Gegenden, in denen die Menschen fest gebaut und kräftig sind – aber auch übergewichtig –, man sagt es von den Westfalen. Es ist auch nicht immer »Übergewicht« gleich »Übergewicht«. Oft spielen ja der Knochenbau, das Knochengerüst und die Konstitution eine Rolle. Übergewicht liegt

Die Kartoffeldiät

Erprobt im Krankenhaus für Naturheilverfahren, München-Harlaching (Chefarzt Dr. W. Zimmermann)

	Mittag	Abend
1. Tag	300 g Kartoffeln mit Kräutern	200 g Kartoffeln mit frischem Paprika
	10 g Butter	10 g Butter
	50 g Fenchelsalat	50 g Kopfsalat
	Zitrone, Kräuter	
2. Tag	300 g Kartoffelschnee	200 g Kartoffelsuppe
	10 g Butter	10 g Butter
	100 g gedünstete Tomaten	30 g Gurke
		50 g Champignons
		30 g Paprika
3. Tag	300 g gebratene Kartoffeln	200 g Kartoffelstifte
	10 g Butter	10 g Butter
	100 g Gurkensalat	Borretsch, gewiegt
	Zitrone, Dill	100 g Chicoréesalat
4. Tag	300 g Gemüsekartoffeln	200 g Kümmelkartoffeln im Rohr überbacken
	10 g Butter	10 g Butter
	50 g Endiviensalat	100 g Rote-Rüben-Rohkost
	50 g Tomatensalat	
	Kresse, Zitrone	
5. Tag	300 g Schalenkartoffeln	200 g Dampfkartoffeln
	10 g Butter	10 g Butter
	100 g Karottenrohkost	100 g Dillgurken
	Zitrone, Orangensaft	gem. Salat
	50 g Kopfsalat, Zitrone	40 g Tomate

6. Tag	300 g Prinzeßkartoffeln 30 g Eigelb m. gek. Kart. verrühren u. auf überbacken 100 g Paprikagemüse Kerbel, Thymian, Oregano	200 g Kartoffelsalat 10 g Öl 50 g Endiviensalat 50 g Paprikasalat Zitrone, Kräuter	
7. Tag	300 g Kräuterkartoffelbrei 10 g Butter 100 g Champignongemüse Zwiebel, Kräuter	200 g Kartoffelsuppe Eischeibe, Kresse 100 g Tomatensalat, Zwiebel, Schnittlauch	

Zum Frühstück: Kaffee oder Tee mit Zitrone (ohne Zucker und Milch) 2 Scheiben Knäckebrot

Alle Speisen werden ohne Salz zubereitet.

vor allem im Bauch, und den kann man mit einer echten und gezielten Reduktionskost und mit Heilfasten verhindern.

Es gibt große deutsche Staatsmänner, die das auch jedes Jahr so vormachen – dafür können sie später wieder häufiger »Saumagen« essen!

3 Risikofaktor Bluthochdruck

Die Messung des Blutdrucks erfolgt mit dem Blutdruck-Meßgerät; die beiden großen RR vor den Zahlen gehen zurück auf den Entdecker der Blutdruckmessung Riva-Rocci.

Von der Weltgesundheitsorganisation sind drei Blutdruckbereiche festgelegt worden (Maßeinheit mg Hg).
Als Normbereich wurden festgelegt: der obere Wert nicht über 140, der untere nicht über 90. Vom Grenzbereich spricht man, wenn der obere Wert zwischen 140 und 160 oder der untere Wert zwischen 90 und 95 liegt. Bei Werten im Grenzbereich sollte der Blutdruck überwacht, also in bestimmten Abständen gemessen werden.
Bei Blutdruckwerten von mehr als 160 für den oberen Wert oder/und mehr als 95 für den unteren Wert spricht man von Bluthochdruck. Und dagegen muß etwas getan werden! Hohen Blutdruck gibt es nicht nur im Alter, er kann schon früher einsetzen. Veranlagung, Vererbung, Streß, körperliche und seelische Belastung fördern ihn. Im Alter kann die Verengung der Blutgefäße (Arteriosklerose) dazukommen, die eine Druckerhöhung zur Folge hat. Hier ist dann auch meist eine medikamentöse Behandlung notwendig.

Bluthochdruck ist nicht nur ein körperliches Problem

Der Blutdruck reagiert nicht nur auf jede körperliche, sondern auch auf jede seelische Belastung – und oft wirken beide zusammen. Es ist biologisch normal, daß bei körperlicher Belastung der Blutdruck erhöht ist. Wenn ich Tennis spiele, wenn ich schneller laufe, wenn ich bergsteige, wenn ich beim Belastungs-EKG das Fahrrad trete, steigt der Blutdruck an. Er muß nur nach einer gewissen Erholungsphase wieder normal werden.
Der Blutdruck reagiert aber nicht nur auf diese körperlichen Belastungen, sondern auch auf seelische. Kummer, Sorgen, Schwierigkeiten in der Familie, in der Wohnung, im Betrieb, Krankheit von Familienangehörigen und eigene Krankheiten, auch Angstzustände erhöhen den Blutdruck.

Man konnte sogar feststellen, daß der Blutdruck von Fußballfans oder Zuschauern von Tennis- oder anderen Sportveranstaltungen steigt und daß sich sogar deren Blutzuckerwerte erhöhen, wenn sie sich aufregen oder gar »ihr« Verein verliert.
Man konnte mit elektronischen Blutdruck-Meßgeräten Autofahrer beobachten. Kamen sie in den aufregenden Stadtverkehr, ging der Blutdruck in die Höhe, und erst recht dann, wenn sie auf der Autobahn mit über 140, 150, 160 Stundenkilometern rasten, überholt wurden oder überholen mußten und sich dabei ärgerten; da ging der Blutdruck gleich um 20 bis 30 Einheiten in die Höhe.
Darum als älterer Mensch auf der Autobahn nicht mehr rasen, sich ein gemächliches Tempo von 120 Stundenkilometern angewöhnen! Auch soll man sich wenn möglich nicht in den Sonntagsverkehr mischen und nicht gerade in die große »Reisewelle« zu Anfang und am Ende der Ferien. Ein Rentner kann den Autoausflug auch unter der Woche machen!
Aufregungen und Belastungen treiben den Blutdruck in die Höhe, man wird damit aber noch nicht zum »Blutdruckpatienten«. Krank wird man erst dann, wenn man über Jahre hinweg dauernd und ständig seine Grenzen übersteigt. Man merkt es schon manchmal, wenn man sich übernommen hat, man schiebt dann die Warnsignale beiseite. Aber auf die Dauer läßt sich das der Körper nicht gefallen – und es stellt sich ein manifester Bluthochdruck ein.
Dann wird Ihnen der Arzt **Medikamente gegen hohen Blutdruck** aufschreiben. Sie sollten sie regelmäßig einnehmen. Sie sollten aber auch laufend den Blutdruck kontrollieren und sich beim Arzt regelmäßig vorstellen. **Führen Sie auch ein Heft, in das Sie die gemessenen Blut-**

druckwerte eintragen! Dies ist für den Arzt für die weitere Verschreibung wichtig.
Wer an einem sehr hohen oder sehr unregelmäßigen Blutdruck leidet, sollte sich ein automatisches Blutdruck-Meßgerät anschaffen, um auch zu bestimmten Tageszeiten zu Hause messen zu können.
Medikamente allein schaffen keine Normalisierung des Blutdrucks, es muß die ganze Lebensführung umgestellt werden. Es muß mehr Ruhe und Gelassenheit und innere Zufriedenheit einkehren – der Streß muß abgebaut werden!

Diätkost bei hohem Blutdruck

Frühstück:
Müsli mit gekeimten Körnern oder Getreideschrot
Porridge mit Backpflaumen und Nüssen
Weizenschrotbrei mit Äpfeln und Sahne
ca. 30 Gramm natriumarmer Käse mit Kümmel auf natriumarmem Brot oder Knäcke, dazu natriumarmer Tomatensaft
Zwischenmahlzeiten:
2 EL Fertigmüsli (ungesüßt) mit 1 Glas Milch übergossen
Apfelspalten oder anderes kleingeschnittenes Obst mit Zimtquark
Salat aus Tomate, Paprika, Gurken und Tofu mit Olivenöl
Vollkornzwieback, mit Nußmus bestrichen, dazu Kräutertee
Obstsalat aus 150 g Obst mit grob gehackten Nüssen, dazu 1 Vollkornkeks
Hauptmahlzeiten:
Frischkost, Backkartoffeln mit Sesam
Kräuterquark, frisches Obst
Frischkost, Vollkornspaghetti mit Pilzen, Sauermilch mit Beeren
Frischkost, mit Tofu gefüllter Kohlrabi, Risotto mit Möhrenstreifen, Quark-Obst-Dessert

Wichtig ist für die Behandlung des Bluthochdrucks auch **die Ernährung. Die Kost muß salzarm sein.** Ein Zusammenhang von Salzkonsum und Bluthochdruck ist heute einwandfrei bestätigt. In Ländern, in denen die Bevölkerung kaum Salz verbraucht, ist Bluthochdruck fast unbekannt. Andererseits ist er bei fast jedem zweiten Menschen anzutreffen, wenn die tägliche Aufnahme von Kochsalz 30 Gramm und mehr beträgt, wie etwa in Nordjapan.
Der bekannte Ernährungswissenschaftler Dr. med. Helmut Anemüller hat in einem Heft der Neuform, »Was essen und trinken bei Bluthochdruck?«, Diaita Verlag 1990[8], ein Tagesprogramm für eine Ernährung gegen den Bluthochdruck zusammengestellt.

4 Risikofaktor Streß

Zu den Hauptrisikofaktoren unserer Zeit gehört der Streß. Er ist der Hauptförderer des Bluthochdrucks – es gibt auch ein Streß-Cholesterin und einen Streß-Zucker.
Streß ist eine »Krankheit unserer Zeit«, sogar der alten Menschen, unserer Rentner und Senioren. Immer mehr unter Druck stehen, immer schnell-schnell, immer etwas vorhaben, immer mehr vorhaben, als man schafft.
Die Dinge wachsen uns über den Kopf!
Viele jüngere Menschen unserer Zeit – wie die Manager – können sich kaum vor Streß drücken: Telefon und Telefax, Besprechung hier, Besprechung dort, der Terminkalender voll und übervoll, jede Minute verplant, immer unter Zeitdruck! Das liegt im Beruf!
Aber die Älteren und die Senioren brauchen dem Streß nicht zu unterliegen, sie könnten ihn wirklich abbauen – Männer noch eher als Hausfrauen. Und trotzdem hört

man immer wieder von Senioren und Rentnern: Ich lebe mit dem Rentnerstreß, ich habe nie Zeit, immer eilt es.
Man muß sich halt als Rentner seine Zeit einteilen: Und nicht den Arzt aufsuchen oder zum Einkaufen gehen, wenn gerade die Stoßzeiten sind und Büroschluß ist; nicht in den Urlaubsstreß am Anfang und am Ende der Ferien mischen. Wir kennen den Urlaubsstreß unserer Zeit: Am letzten Arbeitstag, am Freitag, vom Arbeitsplatz weg ins Auto und ab nach Italien; dann in der Schlange fahren, im Stau stehen, sich ärgern, möglichst einem frech Vorfahrenden den »Vogel« zeigen, sich dann furchtbar aufregen, Herzschmerzen bekommen – und gar nicht selten einen Herzanfall oder Schlaganfall.

Darum: Im Alter sich nicht in das Urlaubsgetümmel wagen. Zum Wegfahren die urlaubs- und ferienfreie Zeit und die Wochentage wählen.

Folgen von Streß

Sie sind zunächst relativ einfach und harmlos: Ermüdung, Erschöpfung, nervliche Unruhe. Dabei spielen spezielle (Streß-)Hormone eine wichtige Rolle. Sie führen zu oder lösen Blutdrucksteigerung aus, erhöhen die Pulsfrequenz, lassen das Herz schneller schlagen, beschleunigen die Atmung, spannen die Muskeln an, lassen sogar die Blutzuckerwerte steigen.
Nimmt der Streß kein Ende, heißt das aber: Die Leistungsreserven des Körpers werden erschöpft. Hand in Hand damit kann eine Schwächung des körpereigenen Abwehr- und Immunsystems gehen – was schnurstracks zu organischen Schäden führen kann, zu Allergien, Magen- und Zwölffingerdarmgeschwüren, Angina pectoris, Infarkt und Schlaganfall!

In einem Artikel in »Medizin populär« I/1992[9], »Wie krank macht Streß?«, wird ein Anti-Streß-Programm aufgezeigt.

Antistreßprogramm

- Ein Anfang auf dem Weg zur Besserung ist, das Entspannen zu lernen.
- Die Dinge kühler angehen, sie nicht über den Kopf wachsen lassen.
- Einmal etwas auslassen.
- Mit dem Auto etwas langsamer fahren.
- Nein sagen lernen – man ist nicht für alles verantwortlich.

Nicht die Dinge, die uns über den Kopf wachsen, sind Streß, sondern daß wir sie uns über den Kopf wachsen lassen, löst den Streß aus.

Hilfe durch Entspannungsübungen, Besinnung und Gebet

Harmonie von Leib und Seele läßt Alltagsprobleme vergessen und ist ein Bollwerk gegen den Streß.
Hilfreich gegen Streß, echte Beiträge zu einer Streßbewältigung sind Entspannungsübungen, autogenes Training, Yoga-Übungen. Viele Menschen machen im Alter, ja bis ins hohe Alter noch Entspannungsübungen und Yoga, andere finden Ruhe und Kraft in der Besinnung, in der beschaulichen Betrachtung, in der Freude an der Natur und an Tieren, im Ausüben und Hören von Musik und nicht zuletzt im Gebet! Sich einmal am Tag sammeln, meditieren, beten oder ein religiöses Lied singen, dem sonntäglichen Gottesdienst in der Pfarrgemeinde oder am Fernsehschirm beiwohnen, das durchbricht den Streß-Dauerlauf. Nicht umsonst haben fast alle Religionen ihren Sonntag, ihren Sabbat!

»Wir leben, solange es Gott bestimmt hat. Aber es ist ein großer Unterschied, ob wir im Alter jämmerlich wie Hunde leben oder wohl und frisch.«

(Johann Wolfgang von Goethe)

5 Risikofaktor Bewegungsmangel

Älter werden – aktiv bleiben!

Dieses Motto gilt für die geistige, aber besonders für die körperliche Betätigung. Sich rühren, sich bewegen, tätig sein bis ins hohe Alter – das ist ein ewiger Gesundbrunnen! Freilich wird man im Alter nicht mehr Leistungssport treiben – Ausnahmen bestätigen die Regel –, aber spazierengehen, wandern, schwimmen, vielleicht radfahren in einer verkehrsarmen Gegend – das kann jeder! Halt – »jeder« ist zuviel gesagt!

Viele können es nicht mehr, da sie an schwerer Arthrose leiden und sich kaum mehr bewegen können, andere sind herzkrank und wohnen im vierten Stock eines Hauses ohne Aufzug – und die vielen Treppen schaffen sie nicht mehr.

Aber auch der so geschädigte Mensch muß versuchen, in der Wohnung auf und ab zu gehen, Atem- und Bewegungsübungen am offenen Fenster zu machen, sich einen Gehwagen zu besorgen, mit dem er im Zimmer und im Gang oder auf dem Balkon hin und her gehen kann.

Gartenarbeit bringt Bewegung

Glücklich der alte Mensch, der einen Garten hat, in dem er sich betätigen kann: Bücken, jäten, gießen – wieviel schöne Betätigung gibt es da.

Vorsicht allerdings mit Umgraben, Schneeschaufeln – das belastet das geschwächte Herz zu sehr und kann Bandscheibenschäden und Herzstörungen auslösen. Man hebt ja nicht nur mit den Armen – die Wirbelsäule ist das Stützfundament.

Viele werden angeregt, **Seniorensport in der Gruppe** zu betreiben. Viele Turn- und Sportvereine, viele Altenklubs und Kirchengemeinden, viele Volkshochschulen bieten ihn an.[10]

In der Gemeinschaft – meist mit Musik – ist es lustiger und anregender. Erfahrungsgemäß sind hier die Frauen aktiver als die Männer – die genieren sich oft, »so etwas« mitzumachen. Wie oft liest man auch von älteren bis sehr alten Männern und Frauen, die noch das Goldene Sportabzeichen machen. Allerdings muß man dazu in den letzten Jahren immer in Übung geblieben sein. Man kann nicht – im Alter nicht anders als in der Jugend – auf den Sportplatz gehen und sagen: Jetzt will ich das Sportabzeichen machen! Training, Übung, Ausdauer und Konsequenz sind dabei genauso wichtig wie Knochenfestigkeit und Muskelkraft.

Sich bewegen können, macht das Alter freudvoller

- Bewegungsmangel fördert viele der Risikofaktoren für Herz- und Kreislauferkrankungen.
- Bewegungsmangel führt meist zu Übergewicht.
- Bei Bewegungsmangel werden Zucker und Cholesterin nicht abgebaut.
- Bei Bewegungsmangel wird das Herz nicht geübt und wird matt.
- Bewegungsmangel führt zur Versteifung von Gelenken und Muskeln.
- Bewegungsmangel macht das Leben freudloser!

Treppensteigen üben

Die einfachste körperliche Bewegungstherapie ist das Treppensteigen. Das muß man immer wieder üben und

darf nicht damit aufhören. Auch wenn man noch jünger ist, sollte man nicht den Lift benutzen, sondern Treppen steigen. Liftfahren ist gut, Treppensteigen gesünder.
Treppensteigen ist nicht nur ein ideales Muskel- und Kreislauftraining, es fördert auch die Gehirndurchblutung.
Untersuchungen ergaben, daß schon eine relativ geringe körperliche Belastung (25 Watt auf einem Tret-Ergometer im Liegen) ausreicht, um die Hirndurchblutung um 13,5 % zu steigern. Bei einer Belastung von 100 Watt erhöht sie sich sogar um 24,7 %. Dabei erzielt offenbar die graue Substanz im Gehirn den größten Nutzen. Dort steigt die Durchblutung um 16 % beziehungsweise 27,2 %.

Der niedrige Blutdruck (Hypotonie)
Mehr Bewegung ist auch die entscheidende Medizin für jeden älteren Menschen, der an **Hypotonie = niedrigem Blutdruck** leidet. Zwar leiden schon in der Jugend viele Menschen an niedrigem Blutdruck, im Alter wirkt er sich aber besonders ungünstig aus. Bei Blutdruckwerten etwa von RR 80/50 (normal RR 125/85) wird das Gehirn schlecht durchblutet, was zu Schwindel und Bewußtlosigkeit führen kann, es kann auch zu Schwerhörigkeit und bis zur Taubheit kommen. Bei niedrigem Blutdruck werden die Herzkranzgefäße schlecht durchblutet, was zu Herzbeengungen führt. Vor allem aber können die Extremitäten, die Hände und die Beine, vor allem die Füße kalt sein, sich blau verfärben und Schmerzen auslösen, ja es kann sogar zu einem Absterben (Gangrän) kommen. Freilich gibt es auch alte Menschen mit niedrigem Blutdruck, die kaum oder gar keine Beschwerden haben.
Viele Menschen mit niedrigem Blutdruck schwören auf ihren starken Kaffee, der wohl für kurze Zeit eine Besserung herbeiführt, andere nehmen Kreislaufmittel wie

Effortil oder Korodin. Die einzige durchgreifende Medizin ist aber die Bewegung. Ein Spezialist, Professor Dr. H. Rieckert, hat es zusammengefaßt (»Medical Tribune« vom 30. Juli 1993):
»Die einzige dauernde Verbesserung der Mißempfindungen, ausgelöst durch hypotone Blutdruckwerte, ist durch tägliches körperliches Training zu erreichen.«
Als Dauertherapie empfiehlt Dr. Rieckert Wechselduschen, Abbürstungen, täglich zehn Minuten Gymnastik, kraftbetonte Übungen ohne Preßatmung und aktive Bewegungstherapie wie Radfahren, Wandern, Laufen oder Spielen. Das kann man ohne Schwierigkeiten bis ins hohe Alter. Am Schluß seiner Ausführungen meint er, das Beste für die tägliche Belastung sei ein lauffreudiger Hund – was man allerdings im Alter etwas begrenzen sollte auf einen ruhigeren »altersgemäßen« Hund.

Körperliche Bewegung im Alter

Bei der Wahl der Sportarten gibt es bei jüngeren Menschen praktisch keine Einschränkungen.
Älteren Menschen sind im allgemeinen folgende Sportarten

zu empfehlen	nicht zu empfehlen
Wandern	Gewichtheben
Schwimmen	Boxen
Radfahren	Ringen
Gymnastik	Bergsteigen – wohl -wandern
Skilanglauf	Skiabfahrtslauf
Federball	Geräteturnen
Ballspiele	Squash
Kegeln	Turniertennis
	Tauchen

Ganz wichtig: Der Sport muß Spaß machen, sonst wird er als Streß empfunden und schadet eher.

6 Risikofaktor erhöhte Cholesterinwerte

Fettstoffwechselstörung

Fette (Lipide), die wir mit der Nahrung aufnehmen, sind Energielieferanten und Baustoffe für den Körper. Sie werden durch das Blut transportiert und gelangen so zu den verschiedenen Organen und Geweben. Hier werden sie verarbeitet und gespeichert.

Von den Fettstoffen, die ständig im Blut transportiert werden, sind das **Cholesterin** und die **Triglyceride** wichtig. Noch vor Jahrzehnten kaum im Munde der Ärzte und der Patienten, hält man heute die erhöhten Blutfettwerte für die Hauptauslöser von Herz- und Kreislauferkrankungen, vor allem für die Entwicklung der **Arteriosklerose**.

Cholesterin und Triglyceride (Neutralfette) braucht der Körper – nur ein Übermaß davon ist schädlich und gesundheitsgefährdend.

Welche Rolle spielt Cholesterin?

Cholesterin ist ein fettähnlicher Stoff. Es kommt in fast allen menschlichen und tierischen Geweben vor. Besonders viel davon findet sich im Gehirn, in den Nieren, der Leber und der Lunge. Aus Cholesterin werden im Organismus so wichtige Stoffe wie Gallensäuren, Sexualhormone, die Hormone der Nebennierenrinde und Vitamin D gebildet. Der Körper selbst produziert Cholesterin hauptsächlich in der Leber und der Darmschleimhaut, aber auch in anderen Geweben. Auch das mit der Nahrung aufgenommene Cholesterin ist für den Stoffwechsel von Bedeutung.

Auch bei cholesterinfreier Nahrung kann es zu erhöhtem Blutcholesteringehalt kommen, wenn im Organismus verstärkt Cholesterin gebildet wird.[11]

Cholesterin kommt nur in tierischen Lebensmitteln vor. Der Verzehr von cholesterinreichen Nahrungsmitteln, z. B. von Eiern, Butter, Innereien wie Kalbshirn und Leber oder Meeresfrüchten, kann zu einem Anstieg des Cholesterinspiegels im Blut führen.

Was sind Triglyceride?

Triglyceride (Neutralfette) dienen den Zellen als »Brennstoff« zur Energiegewinnung. Überschüsse an Triglyceriden werden im Fettgewebe als »Depotstoff« abgelagert und stehen dem Körper als Energiereserve für Zeiten des Nahrungsmangels zur Verfügung. Außerdem dient das Fettgewebe der Wärmeisolierung des Körpers und der Polsterung empfindlicher Organe.

Triglyceride werden dem Körper sowohl **mit tierischen wie mit pflanzlichen Lebensmitteln** zugeführt, z. B. mit Fleisch- und Wurstwaren, Milch, Käse, Sahne, ferner mit Nüssen, Pflanzenölen, Backfetten, Butter und Margarine. Der menschliche Körper ist aber auch in der Lage, Triglyceride aus anderen Nährstoffen zu bilden, z. B. aus **Alkohol** – spielt eine überragende Rolle – und aus Kohlehydraten (Zucker, Zuckerstoffe, süße Fruchtsäfte).

Bei hoher Zufuhr von Triglyceriden, also einer fettreichen Ernährung – wie sie im allgemeinen üblich ist –, kommt es zu verstärkter Neubildung von Cholesterin und damit auch zu einer Erhöhung des Cholesterinspiegels im Blut.

Die Forschung ist fortgeschritten. Man hat gesehen, daß nicht das **Gesamtcholesterin** entscheidend ist, es hat sich eine differenzierte Betrachtungsweise durchgesetzt. Man unterscheidet heute zwischen den beiden **Haupttransportformen im Blut, dem HDL-Cholesterin und dem LDL-Cholesterin.**[12]

HDL-Cholesterin und LDL-Cholesterin

Die Lipoproteine – die Transporteure für das Fett

Fette lösen sich nicht in Wasser, also auch nicht im Blut. Damit Fette (Lipide) dennoch im Blut transportiert werden können, müssen sie an ein bestimmtes Eiweiß (Protein) angelagert werden. Diese Fett-Eiweiß-Verbindungen nennt man Lipoproteine.

Die Haupttransportformen im Blut:

HDL-Cholesterin = das »gute« Cholesterin

Schutzfunktion für Herz- und Kreislauferkrankungen

LDL-Cholesterin = entscheidend für diese Gesundheitsrisiken

HDL und LDL = Gesamtcholesterin

Das Gesamtcholesterin, die Triglyceride, HDL-Cholesterin und LDL-Cholesterin werden aus dem Blutserum bestimmt. Das Blut nimmt der Arzt oder die Laborantin ab und untersucht es im Labor. Sie sollten dazu nüchtern sein.

Im Rahmen der Europäischen Konsensus-Konferenz haben Fettstoffexperten folgende Zielwerte für die Blutfettstoffparameter empfohlen:

Gesamtcholesterin	unter	200 mg %
Gesamttriglyceride	unter	200 mg %
HDL-Cholesterin	über	35 mg %
LDL-Cholesterin	unter	155 mg %

Personen, bei denen die Werte von diesen definierten Zielwerten abweichen, bedürfen der ärztlichen Aufmerksamkeit.

Ernährungsumstellung entscheidend

Liegt eine Störung im Fettstoffwechsel vor, so muß in erster Linie die Ernährung geändert oder umgestellt werden. Wohl für keine Erkrankung gibt es so viele »Ernährungsberater« wie für die erhöhten Blutfettwerte[10, 12, 13, 14], dazu natürlich auch Informationen von den Firmen, die eine geeignete Diätmargarine anbieten (Becel). Zuverlässig und wissenschaftlich aufgebaut ist das Heft aus dem Diaita Verlag, Frankfurter Landstr. 23, 61352 Bad Homburg: »Was essen und trinken bei erhöhtem Blutcholesterin und/oder Blutfettgehalt (Fettstoffwechselstörungen)?« von dem bekannten Ernährungswissenschaftler Dr. med. Helmut Anemueller und der Diätassistentin Marlis Weber.

Sind allerdings die Werte zu hoch und bringt eine Ernährungsumstellung keinen Erfolg, dann ist ein **lipidsenkendes Medikament** angezeigt.

Verantwortlich für die Bildung des Cholesterins sind die Fette. Ungünstig ist das Zuviel an **»gesättigten Fetten«**, die meist **tierischer Herkunft** sind, gut sind die **»ungesättigten Fette«**, die vorwiegend aus pflanzlichen Ölen wie Sonnenblumenöl, Maiskeimöl, Sojaöl, Distelöl und den daraus hergestellten Margarinesorten stammen.

Also: Tierische Fette wenig oder gar nicht verwenden! Dazu zählen Speck, Schmalz, Schweinefett, Sahne und einige pflanzliche Fette wie Kokosfett. Sie werden fragen: Was ist nun mit der Butter? Man soll nicht ausschließlich mit Butter kochen, aber Butter auf frischem, leckerem Schwarzbrot, die sei Ihnen wirklich vergönnt – ohne daß sie Schaden anrichtet!

Kochen Sie möglichst mit den aufgeführten **pflanzlichen Fetten**!

Mehr Seefische essen!

Und noch ein Hinweis: Man hat eine Gruppe besonders hoch gesättigter Fettsäuren entdeckt, die sogenannten **Omega-3-Fettsäuren**. Sie kommen im Fett von Seefischen vor. Sie werden in Meeresalgen aufgebaut und vor allem

von Fischen gespeichert, die in Kaltwasserzonen leben. Der Mensch benötigt sie zum Aufbau spezieller Wirkstoffe, außerdem haben Omega-3-Fettsäuren auch eine triglyceridsenkende Wirkung.
Untersuchungen bei Populationen, in denen viel Seefisch gegessen wird, haben gezeigt, daß diese viel weniger koronare Herzerkrankungen und Herzinfarkte aufweisen, so die Eskimos, die Japaner und Holländer.
Zu einer gesunden Ernährung gehören wöchentlich ein bis zwei Seefischmahlzeiten.

Nahrungsmittel, die besonders gut Cholesterin abbauen:
Es gibt auch einige Nahrungsmittel, die – fast wie Medikamente – Cholesterin abbauen. Dazu zählen: Ananas, Grapefruit, Seefische, Shitake-Pilze, Haferflocken, Walnüsse.
Gönnen Sie sich diese natürliche »Medizin«, zumal sie gut schmeckt!

Cholesterin im Alter
Die Serum-Cholesterinwerte haben bei Männern – entsprechend einer 26jährigen Längsschnittuntersuchung in Framingham – nach einem Altersgipfel um das 45. Lebensjahr die Tendenz, nicht mehr anzusteigen. Bei Frauen steigen die Serumcholesterinwerte bis zum 70. Lebensjahr an. Im höheren Alter haben Frauen daher meist höhere Werte als Männer.[15] Neue Untersuchungen zeigten, daß erhöhte Cholesterinwerte **im Alter, vor allem bei Frauen, nicht so gefährlich sind**, wie früher angenommen wurde. Man sollte cholesterinsenkende Mittel daher mit großer Vorsicht anwenden (Privatdozent Dr. med. Klepzig in »Ärztliche Praxis« vom 15. Sept. 1993). Verschiedene englische,

neuseeländische und amerikanische Cholesterin-Forscher (William E. Stehbens aus Neuseeland, Michael Gurr aus England, L. E. Ramsay, W. W. Yeo, P. R. Jackson aus England, Professor Berger aus Düsseldorf u. a.) bezweifeln sogar die Wirksamkeit von Medikamenten zur Cholesterinspiegelsenkung im Alter von und über 60 Jahren. »Es ist daher medizinisch und gesundheitspolitisch sehr fragwürdig, wenn in der Bundesrepublik Deutschland 80 % der Lipidsenker an Menschen im Alter von über 60 Jahren verordnet werden.« (Professor Dr. med. Berger in der »Zeitschrift für Kardiologie« 1993).

Merke:
Auf einen einfachen Nenner gebracht, sollen Menschen, vor allem alte Menschen mit erhöhten Cholesterinwerten,

- weniger Fett essen,
- anstelle gesättigter tierischer Fette ungesättigte pflanzliche Fette bevorzugen,
- keine Nahrungsmittel mit hohem Cholesteringehalt verzehren. Kein Eigelb, kein Hirn usw. (siehe folgende Tabelle!),
- mehr ballaststoffreiche Nahrung zu sich nehmen – Kartoffeln, Gemüse, Obst, Vollkornbrot,
- weniger »Fette« essen, das bedeutet vor allem, den fettreichen Brotbelag zu reduzieren (Wurst, Käse, Streichfett),
- ungesättigte Fette finden sich in einigen Pflanzenölen, z. B. Sonnenblumenöl, Sojaöl, Distelöl und in Spezialmargarinesorten (Diätmargarine),
- sich regelmäßig bewegen!

Cholesteringehalte in Nahrungsmitteln
in Milligramm je 100 Gramm (nach Dr. Anemüller)

Fleisch (mager)	70–90	Fettkäse	75
Wild	100	Dreiviertelfettkäse	60
Huhn	70–80	Halbfettkäse	30
Leber	360–420	Viertelfettkäse	10
Hirn	3100	Sahneeis	45
Kaviar	300	Butter	280
Hummer	150	Schweineschmalz	100
Fisch	30–40	Pflanzenöle	0
Vollmilch	10	Eiklar	0
Magermilch	3	Eigelb	1400
Doppelrahmkäse	105	1 Hühnerei	280

Weniger essen, mehr bewegen

Überschüssige Kalorien werden im Körper in Fettdepots gespeichert, die Blutfettwerte steigen an.
Die Tabelle zeigt, daß Kalorien zwar rasch aufgenommen werden, aber nur schwer wieder loszuwerden sind:

Essen	Kalorien	Bewegung
1 Glas Cola (0,2 l)	90	23 min Tischtennis
1 Portion Schlagsahne 50 g	150	40 min Hausputz
1 Flasche Bier	235	50 min Kegeln
1 Stück Schwarzwälder Kirschtorte	290	50 min Spazierengehen
1 Paar Frankfurter Würstchen	375	47 min Tennis
1 Eisbecher mit Früchten Sahne und Gebäck	440	90 min Spazierengehen
1 Tafel Schokolade (100 g)	565	85 min Radfahren
1 Wiener Schnitzel mit Kartoffelsalat und gemischtem Salat	725	90 min Skilanglauf
2 Stück Stollen, 2 Tassen Kaffee mit Milch und Zucker	900	95 min Radfahren

7 Risikofaktor erhöhte Harnsäurewerte

Die Veranlagung für Gicht und erhöhte Harnsäurewerte (Hyperurikämie, Zipperlein) ist erblich. Die Erkrankung selbst wird jedoch von zahlreichen äußeren Umständen, vor allem der Ernährung, entscheidend beeinflußt.

Gicht, »Krankheit der Könige«

Vor allem der Konsum großer Fleischmengen, besonders von Innereien, und reichlicher Genuß alkoholischer Getränke lassen die Harnsäurewerte rasch ansteigen.
Darum war die Gicht auch früher die Krankheit der Reichen, der Könige; aber auch Metzger und Gastwirte sind häufig davon betroffen. Von Wilhelm Busch kennen wir den Vers:

> Der Dicke schmaust, es perlt der Wein
> der Handwerksbursch schaut neidisch drein.
> Der Dicke aber – »Autsch! mein Bein« –
> hat wieder heut das Zipperlein.

Von vielen Großen der Geschichte wissen wir, daß sie die Gicht furchtbar geplagt hat, so von Alexander dem Großen, Karl dem Großen, Wallenstein, Ludwig XIV., Goethe u. a. Dagegen waren in Notzeiten – so im letzten Krieg – erhöhte Harnsäurewerte und Gichtanfälle fast unbekannt.
Die Gicht wurde erstmals schon von Hippokrates (600 v. Christus) beschrieben, und der große Arzt Paracelsus (1493–1541) wußte schon von den Stoffwechselkrankheiten, die er »tartarische« Krankheiten nannte. Zu diesen zählte er die Gicht, deren Erscheinungen er auf eine lokale Ablagerung normalerweise ausgeschiedener Stoffwechselprodukte zurückführte.[16, 17]

Wie entstehen erhöhte Harnsäurewerte?

Harnsäure ist das Abbauprodukt von bestimmten Zellbestandteilen (Purinen), die sowohl im eigenen Körper gebildet als auch mit der Nahrung zugeführt werden können. Beim Gesunden besteht zwischen Bildung und Ausscheidung von Harnsäure ein Gleichgewicht. Beim Menschen mit entsprechender erblicher Veranlagung (Hyperurikämiker) ist dieses Gleichgewicht gestört.

Zum Anstieg der Harnsäurewerte kommt es, wenn entweder die Harnsäureausscheidung **durch die Niere** vermindert ist, wie bei den meisten Gichtpatienten, oder stark vermehrt Harnsäure im Körper gebildet wird. Die Ausscheidungsleistung der Niere ist dann überfordert.

Durch die **Blutuntersuchung** bei Ihrem Arzt können Sie feststellen lassen, ob Sie erhöhte Blutharnsäurewerte haben. Je nach dem Ergebnis entscheidet Ihr Arzt, ob Sie Medikamente nehmen müssen – dies wird vor allem dann der Fall sein, wenn Sie unter »Gichtanfällen« leiden –, oder nur auf entsprechende Kost umstellen müssen.

Normal ist ein Harnsäuregehalt im Blut von 5 mg/100 ml bei Männern und 4 bis 4,5 mg/100 ml bei Frauen.

Kritisch sind Harnsäurewerte von mehr als 6,5 mg/100 ml. Eine Diät wird notwendig.

Mit Medikamenten behandlungsbedürftig sind Werte über 8 mg/100 ml.

Nach vorliegenden Untersuchungen haben in der bundesdeutschen Bevölkerung 47 % der Männer einen Blutharnsäurewert über 6 mg/100 ml, 8 % über 7 mg/100 ml und 5 % einen Wert über 8 mg/100 ml (Hessen-Studie des Institutes für Spezialmedizin und Epidemologie, Bundesgesundheitsamt Berlin). Möglicherweise nennt Ihnen Ihr Arzt andere Werte, da seit einiger Zeit vorwiegend in SI-Einheiten gerechnet wird.

Der Gichtanfall
Ein Übermaß an Harnsäure löst nicht nur Schmerzen und Beschwerden in den Gelenken aus – das Schlimmste ist der Gichtanfall –, es kann auch zur Deformierung der Gelenke kommen. Vor allem an der Ohrmuschel, an den Zehen, an den Fingern und an der Hand zeigen sich Gichtknoten, meist schmerzlos und deshalb anfangs unbemerkt. Die Gichtknoten tragen auch die volkstümliche Bezeichnung »Gichtperlen«. Auch die Niere wird häufig geschädigt. Harnsäureablagerungen wirken wie ein »Stöpsel im Waschbecken«. Es kommt zu einem Harnstau, der die Niere nachhaltig schädigt. **»Harnsäuresteine«** führen zu Nierenbeschwerden wie z. B. Nierenkoliken und Infektionen. Am Schluß steht dann die »Gichtniere«.
Äußerst schmerzhaft ist der **akute Gichtanfall**. Er entsteht typischerweise meist nachts, allmählich oder plötzlich. Die Gelenke – meist sind es die Großzehen – schwellen an, werden rot und schmerzen ungemein. Aber auch das Allgemeinbefinden ist gestört, es entsteht Fieber, und wenn man ein Blutbild macht, ist die Anzahl der weißen Blutplättchen ist erhöht. Vorboten sind oft Abgeschlagenheit, Muskelschmerzen und Verstimmtheit.
Nicht selten war der Patient abends in froher Runde, hat Saure Leber gegessen und ein paar Halbe Bier getrunken – und schon ist es geschehen. Er wacht nachts mit unbändigen Schmerzen auf. In 50 % der Fälle findet der erste Gichtanfall am Großzehengrundgelenk statt; dies wird als »Podagra« bezeichnet.

Was tun beim Auftreten eines akuten Gichtanfalls oder einer Nierensteinkolik?
Stellen Sie bei einem akuten Gichtanfall das betroffene Gelenk vollkommen ruhig. Vermeiden Sie jede Berührung

oder Erschütterung. Rufen Sie einen Arzt! Beim Auftreten einer Nierensteinkolik rufen Sie so schnell wie möglich einen Arzt!

Diät bei Gicht und erhöhten Harnsäurewerten[17]

- Pro Tag sollten Sie nicht mehr als 150 g Fleisch, Fisch, Wurst oder Geflügel essen;
- Innereien wie Leber, Niere, Herz, Bries, einige Fischsorten, z. B. Salzheringe, Sprotten und Sardellen, sollten möglichst vom Speiseplan gestrichen werden;
- Hülsenfrüchte (Erbsen, Bohnen, Linsen) und Spinat sollten nur gelegentlich gegessen werden;
- der Eiweißbedarf sollte überwiegend durch Milch und Milchprodukte (Joghurt und Käse), Kartoffeln und Getreideerzeugnisse gedeckt werden;
- Alkohol muß gemieden werden. Erlaubt ist ein Glas eines alkoholischen Getränks zum Mittag- und Abendessen;
- ernähren Sie sich möglichst kochsalzarm, verwenden Sie zum Würzen Küchenkräuter;
- trinken Sie viel, über den Tag verteilt mindestens zwei Liter Flüssigkeit, z. B. Tee, Kaffee, Wasser oder Fruchtsäfte;
- als Kochtechniken sind geeignet: Dünsten, Garen in beschichtetem Geschirr, Garen in Folie, Garen im Römertopf und Grillen.

Empfehlenswerte Diätbroschüren für den Kranken sind die Bücher: »Moderne Diät bei Gicht« von R. Franke und D. P. Mertz, erschienen im Verlag Gräfe und Unzer, München, oder »Was essen und trinken bei erhöhtem Blutharnsäuregehalt und Gicht« von Dr. Helmut Anemüller und Marlis Weber im Diaita-Verlag, Frankfurter Landstr. 23, 61352 Bad Homburg.

8 Risikofaktor erhöhte Blutzuckerwerte

Jeder Mensch muß Zucker im Blut haben. Der menschliche Körper braucht ständig Energie, damit seine Muskeln und Organe arbeiten können und die Körpertemperatur aufrechterhalten werden kann. Deshalb muß der Mensch auch in gewissen Abständen Nahrung zu sich nehmen, genauso wie das Auto sein Benzin braucht.

Die Grundstoffe unserer Ernährung – Eiweiß, Fett und Kohlehydrate – kann der Organismus in dieser Form nicht verwerten. Er muß sie vorher verdauen und in einfache Bausteine zerlegen.

Die Kohlehydrate werden in Magen und Darm aufgespalten, vor allem in Traubenzucker (Glukose) und Fruchtzucker. Die Spaltung erfolgt durch Verdauungsenzyme (z. B. Amilase), die in der Bauchspeicheldrüse (Pankreas) und im Magen gebildet werden. Das Blut transportiert dann den Zucker zu den verschiedenen Zellen, von denen er nur aufgenommen werden kann, wenn sich auch Insulin, ein Hormon, das vom Pankreas produziert wird, im Blut befindet. Wenn also ein Insulinmangel besteht, kann der Zucker nicht in die Zellen eindringen und sie nicht mit Energie versorgen.

Die Zuckerkrankheit (Diabetes mellitus)

Die Zuckerkrankheit beruht auf einem absoluten oder relativen Insulinmangel. Sie kann anlagemäßig und durch Umwelt- und Ernährungsfaktoren zustande kommen. Sie ist durch eine abnorme Insulinsekretion, unphysiologisch erhöhten Blutzuckerspiegel und eine Vielfalt von Komplikationen an den Endorganen charakterisiert, einschließlich Augenerkrankungen, Sehstörungen, Nervenschmerzen und vorzeitiger Arteriosklerose. Etwa 3 % der Bevölkerung leiden unter einem manifesten Diabetes mellitus, 10 % haben einen subklinischen Diabetes, das bedeutet, daß die Blutzuckerwerte normalerweise im Normbereich liegen, daß aber unter besonderen Belastungen (z. B. Streß, Behandlung mit Nebennierenrindenhormonen oder einer zu üppigen Zufuhr von Kohlehydraten [auch Alkohol]) der Blutzucker über die Norm steigt.

Wann liegt eine Blutzuckererhöhung vor?
In 100 ml Blut sind beim gesunden Menschen 60–70 mg Zucker enthalten – noch bis 110 mg ist der Zuckergehalt normal, wenn man ihn nüchtern mißt. Nach dem Essen kann man bis 140 mg von normalem Zucker sprechen. Liegen die Werte aber deutlich darüber, und zwar dauernd, so ist der Mensch zuckerkrank – er ist Diabetiker.

Wie kann man den Zucker feststellen?
Dem Patienten wird im Labor Blut abgenommen, und daraus wird mit einem bestimmten Verfahren der Zuckergehalt bestimmt. Genaue Einsicht bekommt man, wenn man das Blut nüchtern und nach einer Brotmahlzeit abnimmt oder ein Tagesprofil macht, das heißt, zu bestimmten Stunden des Tages. Auch aus dem Harn kann man durch einen speziellen Teststreifen bestimmen, ob und wieviel Harnzucker sich im Urin befindet.

Wie macht sich Zuckerkrankheit bemerkbar?
Kennzeichen sind:
vermehrte Harnausscheidung
viel Durst
Hautjucken
Heißhunger, aber auch wenig Appetit
Potenzstörungen

Sehstörungen
Schwindel
Kopfschmerzen
Neigung zu Furunkeln und Karbunkeln
Gefühllosigkeit in den Füßen

Beim Altersdiabetes fehlen oft die üblichen Symptome

Eine Besonderheit des Diabetes im Alter ist, daß die sonst bekannten Symptome wie Durst, häufiges Urinlassen, Juckreiz – vor allem in der Scheide und im After – kaum oder überhaupt nicht auftreten.

Meist wird man darauf aufmerksam, weil Komplikationen am Auge, eine häufige Neigung zu Hautinfektionen und Störungen, Schmerzen, Gefühllosigkeit an den unteren Extremitäten auftreten (diabetische Neuropathie = Nervenschmerz). Gefürchtet ist dann die diabetische Gangrän: Wenn die Zehen blau werden und absterben und man sie bei fortschreitender Entzündung und Eiterung amputieren muß. Altersdiabetes ist häufig mit anderen Krankheiten gekoppelt. Der in einem Wiener Pflegeheim tätige Dr. Lachnitz stellte bei 6,3 % aller Patienten Diabetes fest.[18]

Die Behandlung der Zuckerkrankheit

Beim leichten Diabetes und häufig beim Alterszucker kommt man mit einer entsprechenden **Zucker-Diät** aus. Reicht die Diät nicht aus, so wird der Arzt Tabletten verordnen, die gewissenhaft eingenommen werden müssen. Bei schwerem Zucker, der darauf beruht, daß die Bauchspeicheldrüse kein Insulin mehr produziert, muß Insulin gespritzt werden (insulinpflichtiger Diabetes).

Die meisten insulinpflichtigen Diabetiker spritzen sich das Insulin selbst – man muß es sich nur einmal zeigen lassen.

Es muß zu den vorgeschriebenen Zeiten gespritzt werden. Bei sehr fortgeschrittenem Alter oder sonstiger Behinderung kommen auch die Angestellten der Sozialstation oder die ambulanten Pfleger und spritzen. Der Hausarzt wird es dann sicher anordnen.
Wichtig ist es, zu geregelten Zeiten einen **Zuckertest** im Labor – oder bei Bettlägerigen in der Wohnung oder im Pflegeheim – zu machen! Nicht vergessen! Zeitpunkt ausmachen! Sonst kann der Blutzucker leicht entgleiten! Es können dann Komplikationen eintreten, die sich vermeiden lassen.

Komplikationen beim Zuckerkranken
Die Unterzuckerung (hypoglykämische Reaktion und Schock)
Der Diabetiker, der zu viele Tabletten eingenommen hat, zu viel Insulin gespritzt hat, weniger gegessen oder sich körperlich ungewöhnlich angestrengt hat, läuft Gefahr, in einen Schock durch Unterzuckerung zu kommen. Meist deutet sich dieser schon vorher durch Nervosität, Verdrießlichkeit, kalten Schweiß, Nachlassen der Sehkraft, taumelnden Gang und Benommenheit an, bis es dann zur Bewußtlosigkeit kommt.
Die Erscheinungen lassen sich meist rasch durch die Einnahme von ein paar Stückchen Würfelzucker oder durch ein süßes Getränk beheben.
Merke: Jeder Diabetiker muß stets einige Stück Würfelzucker bei sich tragen.

Die Überzuckerung und das diabetische Koma
Das Gegenteil, die Überzuckerung, kann eintreten, wenn die Einnahme der Tabletten vergessen oder eigenmächtig unterbrochen wurde, die notwendige Insulinspritze aus-

fiel, zuviel gegessen und die Diät nicht eingehalten wurde – auch wenn Hauteiterungen oder fieberhafte Erkrankungen dazugekommen sind. Dann steigt der Blutzucker allmählich an und kann zum diabetischen Koma führen.
Auch hier sind **Frühwarnzeichen** wie vermehrte Urinausscheidung, starker Durst, Kopfschmerzen, beschleunigte und vertiefte Atmung, beschleunigter Puls und Benommenheit vorhanden.
Merke: Bei den ersten Anzeichen einer solchen Stoffwechselentgleisung sofort den Arzt rufen. Bis der Arzt kommt, Bettruhe einhalten und heiße Flüssigkeit (Tee oder Kaffee) trinken.
Besonders gefährdet ist der **Diabetiker auf Reisen**, wo er auf die Hotelkost angewiesen ist. Der Deutsche Diabetiker-Bund e.V., Danziger Weg 1, 58511 Lüdenscheid, hat ein neues Heft herausgegeben mit speziellen Hotel- und Reiseempfehlungen in Europa: »Diabetiker reisen und speisen« mit Adressenangaben von Hotels, die Zucker-Diät verabreichen.

Die Diabetiker-Diät

Jeder Diabetiker weiß, daß er eine Sonderkost, eine Diät, braucht. Nur machen ihn oft die verschiedenen vorgeschriebenen Kostformen unsicher. Es gibt gute und ausführliche Diätvorschriften von verschiedenen Firmen, die man sich kostenlos bestellen oder am besten über den Arzt besorgen lassen kann.[19] Heute haben auch viele »Essen auf Rädern«-Dienste für Senioren eine Zucker-Diät.
Chefarzt Dr. Lachnit meint aus Erfahrung allerdings: »Die Behandlung des Diabetes im Alter unterscheidet sich nicht von der üblichen Behandlung in früheren Jahren. Sie ist lediglich gekennzeichnet durch die Schwierigkeiten, diese Behandlung auch durchzuführen. Viele Altersdiabetiker

könnten durch Diät allein ausreichend behandelt werden. Die Einhaltung der Diätvorschriften stößt aber oft auf psychologische und soziale Probleme. Umstände bereiten schon die Notwendigkeit der regelmäßigen Versorgung mit Essen, Umstellung der Küchentechnik, Gehbehinderung, Sehstörungen und die Demenz. Viele essen nicht regelmäßig und vergessen, ihre Tabletten einzunehmen!«[18]

Regeln für Zuckerkranke

- Lassen Sie sich von Ihrem Arzt über die Diät beraten.
- Besorgen Sie sich eine Diätanweisung für Zuckerkranke.
- Damit starke Blutzuckerschwankungen vermieden werden, die Kost auf fünf bis sechs kleine Mahlzeiten verteilen.
- Vermeiden Sie Zucker, zuckerhaltige Nahrungsmittel und mit Zucker zubereitete Mehlspeisen.
- Vermeiden Sie auch Traubenzucker und Honig.
- Süßen Sie Ihren Kaffee und Tee mit Süßstoff.
- Vermeiden Sie Kuchen, Torten, Schokolade, Marzipan, Gelee, Marmeladen.
- Essen Sie kein fettes Fleisch und keine fette Wurst, am besten dünsten, kochen, grillen, nicht mit Semmelbröseln panieren.
- Aufpassen auch mit süßem Obst, Trockenobst und Rosinen.
- Vermeiden Sie zuckerhaltige Getränke, Süßweine, manche Cola-Getränke, aber auch zuckerhaltige Obstsäfte (süßer Apfelsaft).
- Für Biertrinker gibt es heute das Diabetiker-Pils; Weintrinker können noch am ehesten einen »Gespritzten« trinken mit trockenem Wein.

Im übrigen gibt es mittlerweile in den Lebensmittelgeschäften – vor allem in den großen – ein reichhaltiges Angebot an Nahrungsmitteln speziell für Diabetiker: Das reicht von Diabetiker-Marmelade über Diabetiker-Kuchen und -Schokolade bis hin zum Diabetiker-Zwieback.

III. Die Krebskrankheit

Die Krebserkrankung (Krebs, Karzinom, Tumor) ist der zweite Hauptkiller der Menschen unserer Tage, vor allem der alten Menschen. Wohl kann man die Krebsart, die Krebszellen bestimmen und feststellen, ein wirksames Mittel dagegen hat man jedoch noch nicht gefunden. Weltweit arbeiten Forschungsinstitute seit Jahrzehnten an der Erforschung von Bekämpfungsmitteln. Millionen, ja vielleicht Milliarden hat man in allen Ländern der Erde dafür schon ausgegeben – ohne Ergebnis. Zwar tauchen in der Presse immer wieder Nachrichten auf, die berichten: »Jetzt ist es gelungen!« – aber dann wird es wieder still darum. Um Krebs mit den heute zur Verfügung stehenden Mitteln bekämpfen zu können, muß man ihn möglichst früh schon erkennen. Eine Hilfe ist die Vorsorgeuntersuchung, eine andere die Kenntnis von Erscheinungsformen des Krebses.

Lebensstil und Krebsentstehung. Einfluß der Seele

In einem Kongreßbericht schreibt die Zeitschrift »Der praktische Arzt« 8/1992: »Immer deutlicher wird, daß viele bösartige Erkrankungen mit dem Lebensstil des einzelnen auf das engste zusammenhängen, mit dem Rauchen, mit der Ernährung und nicht zuletzt mit der jeweiligen Lebenseinstellung. Wenn auch ein Zusammenhang von Psy-

che und Krebs sich nicht wissenschaftlich beweisen läßt, so kann in Einzelfällen der **Einfluß der Seele auf die Krebsentstehung** nicht geleugnet werden.«
60 bis 70% aller Krebsarten basieren, so Professor Heinrich Maas (Hamburg), auf äußeren, durchaus vermeidbaren Faktoren. Daß Rauchen zu Lungenkrebs führt, ist bekannt und nachgewiesen; Fett- und kalorienreiche Kost begünstigt Brust- und Dickdarmkrebs. So haben Japanerinnen, die sich fettarm ernähren, sechs- bis achtmal seltener Brustkrebs als deutsche Frauen. Nehmen die Japanerinnen aber im Ausland die Ernährungsgewohnheiten der Einheimischen an, dann steigt auch ihr Risiko, an Brustkrebs zu erkranken. Schließlich begünstigt langes und intensives Sonnenbaden die Entstehung von Hautkrebs. Doch die Warnungen der Hautärzte werden ignoriert, denn Sonnenbräune gilt als Zeichen von Gesundheit und ist »in«.
Zu den äußeren, jedoch unvermeidbaren Faktoren gehören schließlich auch **Viren**. In etwa 15% der Krebskrankheiten spielen sie eine entscheidende Rolle, wie Professor Harald zu Hausen vom Deutschen Krebsforschungszentrum in Heidelberg berichtet. An der Entstehung des Gebärmutterhalskrebses sind Papillomviren beteiligt, und der Leberkrebs wird durch Hepatitis-B-Viren hervorgerufen. Diese bösartigen Erkrankungen sind in der Bundesrepublik zwar selten, doch zählen sie in den Ländern der Dritten Welt zu den häufigsten Krebskrankheiten.
Neben diesen äußeren Einflüssen muß auch eine gewisse **genetische Prädisposition** gegeben sein, damit sich bei zusätzlichen physikalischen oder chemischen Reizen ein bösartiger Tumor entwickeln kann. Beim Brustkrebs wurde beispielsweise ein Abschnitt auf dem Chromosom 17 identifiziert, in dem eine Mutation mitverantwortlich für den Brustkrebs ist. In Familien, in denen die Krankheit

häufig vorkommt, kann auf der Basis dieser molekularbiologischen Erkenntnisse im Einzelfall das Risiko, an Brustkrebs zu erkranken, abgeschätzt werden.
»Psyche und Krebs« war kürzlich das Thema einer Tagung der Medizinischen Gesellschaft Wiesbaden. Im Mittelpunkt stand die Frage, ob psychische Faktoren zur Entstehung bösartiger Tumoren beitragen und welche therapeutischen Konsequenzen aus dem Zusammenspiel von Psyche und Krebs gezogen werden müssen. Professor Claus Behnebahnson (Kiel), der sich seit Jahrzehnten mit diesen Zusammenhängen befaßt, belegte durch wissenschaftliche Untersuchungen, daß bestimmte Lebensereignisse, wie der Verlust eines Angehörigen, Streß, aufgestaute Wut usw., nicht nur psychisch belasten, sondern nachweisbar auch die körpereigenen Abwehrkräfte reduzieren. Und ein über Jahre geschwächtes Immunsystem begünstigt wiederum das Entstehen bösartiger Tumore.
Das ist vor allem dann der Fall – so Dr. Günter Maass von der Deutschen Klinik für Diagnostik (DKD) in Wiesbaden –, wenn ein Mensch feststellen muß, daß das eigene Leben im Grunde »verpfuscht« ist, keinen Sinn mehr hat, und wenn er über seine unangenehmen, peinlichen oder aggressiven Gefühle nicht sprechen kann. Dann kommt es zunächst zu einem Gefühlsstau und anschließend zu einer – oft nicht einmal bewußten – Aggression gegen sich selbst, zu Depressionen, die die Entstehung von Krebs begünstigen.[20]

1 Früherkennung

Es gibt für alle Krebsarten bestimmte Früherkennungszeichen, die darauf hinweisen können, daß Krebs vorliegt.

Man muß sich selbst beobachten – und bei Verdachtsmomenten sofort den Arzt aufsuchen und auch mit ihm offen darüber reden. Die verschiedenen Krebsformen sind vom Arzt durch Abtasten, durch das Auge und zuletzt durch das Mikroskop weitgehend erkennbar.
Aber es gibt auch schon für den Laien frühzeitige **Alarmzeichen.**

Die sieben Krebsfrühwarnzeichen
Die folgenden Frühwarnzeichen sollte man sich gut einprägen
1. jede nicht heilende Wunde;
2. ein Knoten oder eine Verdickung in der Brust oder anderswo;
3. ungewöhnliche Blutung oder Ausfluß;
4. jede Veränderung in einer Warze oder einem Muttermal;
5. anhaltender Appetitmangel oder Schwierigkeiten beim Schlucken;
6. anhaltende Heiserkeit oder Husten;
7. jede Veränderung in der normalen Verdauungstätigkeit und der Urinentleerung.

Krebsvorsorgeuntersuchung
Seit vielen Jahren haben die Deutschen gesetzlichen Krankenkassen (Primär- und Ersatzkassen) die **Krebsvorsorgeuntersuchung** eingeführt.
Sie kann von allen Männern ab dem 45. Lebensjahr und von Frauen ab dem 20. Lebensjahr jedes Jahr beim Arzt (Allgemeinarzt, Urologen, Frauenarzt) durchgeführt werden. Leider wird die Krebsvorsorgeuntersuchung nur von einem Teil der Krankenkassenmitglieder genutzt; von den Männern nimmt sie nur jeder siebte in Anspruch. Gerade

der alte Mensch, bei dem ja eine Krebshäufigkeit in höherem Maße vorkommt, sollte die Krebsvorsorgeuntersuchung nutzen.
Die Krebsvorsorge eignet sich bei Männern vorzugsweise zur Erkennung von Darm- und Magenkrebs, Prostata- und Hautkrebs, bei Frauen dazu noch zur Erkennung von Brust- und Gebärmutterkrebs.
Viele Krebsformen könnten frühzeitig durch die Vorsorgeuntersuchung erkannt und geheilt werden, wenn sie regelmäßig stattfinden würde.
Gerade der so häufige Krebs des Enddarms (Rektum) und des übrigen Dickdarms kann durch die Untersuchung auf Blut im Stuhl – es werden Testbriefchen vom Arzt da-für ausgegeben – frühzeitig erkannt werden. Denn wenn Blut im Stuhl ist, so ist das immer verdächtig. Freilich kann das Blut auch von Hämorrhoiden kommen, aber es muß dann immer weiter untersucht werden. Eine Klärung findet vor allem durch die Darmspiegelung (Rektoskopie) statt.
Merke: Früherkennung ist das beste Mittel gegen Krebs.

2 Erscheinungsformen des Krebses

Im allgemeinen steigt das Risiko, an Krebs zu erkranken, mit zunehmendem Alter an. Die Gefährdung ist nach dem 60. Lebensjahr besonders stark. In sehr hohem Alter allerdings nimmt das Risiko wieder ab. Viele alte Leute leben mit ihrem – oft unerkannten – Krebs. Wenn der Krebs vom Arzt festgestellt ist, ist er meist schon jahrelang gewachsen und mindestens 1 cm groß. In diesem Zustand enthält er bereits Millionen entarteter Zellen, die oft schon **Metastasen (Tochtergeschwülste)** gebildet haben.
Die Verhinderung der Metastasenbildung ist bei einer Krebstherapie von ausschlaggebender Bedeutung.

Was ist eigentlich Krebs?

Der Krebs ist eine bösartige Geschwulstbildung; das sagt uns schon: Wir müssen gutartige und bösartige Geschwulstbildungen unterscheiden, wobei zahlenmäßig die gutartigen überwiegen. Die Diagnose der Bösartigkeit kann man nur durch **eine Gewebsuntersuchung** feststellen, die dafür spezialisierte Ärzte vornehmen und die durch Biopsien (Ausschneidungen) aus dem krankhaften Gewebe durchgeführt werden. Durch besondere Untersuchungsverfahren kann man die Entscheidung treffen, ob die Zellen des Gewebes gutartig oder bösartig entartet sind. Zu den **harmlosen und gutartigen Geschwülsten** zählen schon die einfachen Warzen, die Muttermale, die Myome in der Gebärmutter, die bekannten Fettgeschwülste – die Lipome. Zu den gutartigen Neubildungen gehören auch Drüsentumoren (z. B. in der Brustdrüse) und das Prostata-Adenom. Gutartige Geschwülste sind wesentlich häufiger – Verhältnis fünf zu eins – als die bösartigen. Allerdings muß hier immer der Arzt entscheiden, und er muß deshalb oft die Probeexzision (Probeschnitt) machen, um ein Stückchen herauszuschneiden und es zu untersuchen.

Auch die als Kropf bezeichneten Vergrößerungen der Schilddrüse sind gutartig, wie auch die mit Flüssigkeit gefüllten Tumoren (Zysten) in den Eierstöcken.

Die **bösartigen Geschwülste** werden nach ihrem Ursprungsgewebe weiter in zwei Hauptgruppen unterschieden.

Man spricht von **Karzinom**, wenn die Zellwucherungen von Haut-, Schleimhaut- oder Drüsenzellen aus beginnen, von **Sarkomen** (meist besonders bösartig), wenn Knochen-, Muskel- und Knorpelzellen entarten.

Gemeinsam ist allen Geschwülsten, den gutartigen wie auch den bösartigen, daß sie aus körpereigenen Zellen bestehen und sich aus deren Teilung entwickeln. Die Gefahr kommt hier, im Gegensatz zu einer Infektion, bei der körperfremde Erreger die Angreifer darstellen, von den **eigenen** entarteten Zellen.

Die verschiedenen Krebsformen

Der Krebs kann an den verschiedensten Organen auftreten:

1. Der Magenkrebs

Früherkennungszeichen sind oft eine unverständliche Appetitlosigkeit über mehrere Wochen, stärkere Gewichtsabnahme ohne ersichtlichen Grund, Widerwillen gegen Fleischspeisen und Übelkeit, besonders am Morgen, Schmerzen im mittleren Oberleib. Bluterbrechen und schwarzer Kot finden sich meist erst wesentlich später. Röntgenuntersuchung oder Magenspiegelung (Gastroskopie) können schnell Aufklärung bringen.

Hilfe bringt die frühzeitige Operation.

Auffällig ist, daß ein gehäuftes Auftreten von Magenkrebs in Gegenden vorkommt, wo viel Speck und geräuchertes Fleisch gegessen wird (Südtirol, Westfalen, Niederbayern). In den USA hat man auch von gegrilltem Fleisch abgeraten.

2. Dickdarmkrebs

Vor allem die häufigste Form, der Mastdarmkrebs, fällt früh auf durch sichtbare Blutarmut auslösende Blutungen, Wechsel zwischen Durchfall und Verstopfung, vermehrte Gasbildung. Da sich diese Anzeichen sehr eindeutig zeigen, wird er meist im Frühstadium erkannt und operiert. Die Heilungsaussichten liegen bei 70 %. Das gewöhnlich erste Anzeichen für Mastdarmkrebs ist Blut im Stuhl, was

man schnell mit dem Stuhl-Test, der bei jeder Krebsvorsorgeuntersuchung gemacht wird, feststellen kann. Da nun aber jeder weiß, daß die sehr häufigen Hämorrhoiden recht oft auch zu Blutungen aus dem Darm führen, besteht immer die Gefahr, daß man sich mit dieser Diagnose zufriedengibt. Weitere Untersuchungen (Rektoskopie) usw. sind aber immer erforderlich.
Magen- und Dickdarmkrebs machen bei Männern 50 % des Krebsbefalls aus. In Gegenden, wo man viel Sauerkraut oder milchsauer vergorenes Gemüse ißt (Korea), gibt es weniger Dickdarmkrebs.

3. Prostatakrebs

Mit zunehmendem Alter häufen sich bei Männern Störungen in der Prostata (Vorsteherdrüse). Jeder zehnte Krebs bei Männern ist Prostatakrebs. Er hat zunächst dieselben Erscheinungen wie eine gutartige Prostata-Vergrößerung (Adenom), nämlich verzögertes Harnlassen, dünner Harnstrahl, häufiges Urinlassen nachts – eine Klärung, ob gutartig oder bösartig, bringt nur die Untersuchung beim Arzt über den Darm und durch Sonographie. Prostatakrebs ist eindeutig vorhanden, wenn der Urin blutig und schleimig wird.
Gerade der Prostatakrebs ist im Frühstadium sehr gut heilbar. Aber aus Angst geht nur jeder siebte Mann zur Krebsvorsorgeuntersuchung.
Jährlich sterben allein in den alten Bundesländern 8000 Männer an viel zu spät erkanntem Prostatakrebs. Insgesamt erkranken an die 20 000 Männer über 65 Jahre an Prostatakrebs.
Prostatatumoren teilen sich langsam, nur 3 % der Krebszellen befinden sich jeweils in Teilung, bei Hodenkrebs dagegen teilen sich stets 50 %.

Wo eine Operation nicht in Frage kommt, wird Prostatakrebs mit Tabletten behandelt – jedoch nicht mehr mit weiblichen Hormonen, sondern mit gegen männliche Hormone gerichteten Antiandrogenen.
Wenn die Tastung des Krebses in der Arztpraxis durch den Darm Verdacht auf Krebs bringt, muß zur weiteren Abklärung eine Ultraschallbestimmung und eine Tumor-Marker-Bestimmung aus dem Blut gemacht werden. Zur Absicherung der Krebsdiagnose muß dann aber auch eine Biopsie = Gewebsentnahme erfolgen, die letztlich genauen Aufschluß gibt. Übrigens operiert man heute bei Geschwülsten, die kleiner als 3 cm sind, potenzerhaltend.

4. Lungenkrebs

Freilich sind mit überwiegender Mehrheit starke Raucher Opfer des Lungenkrebses, aber er kann – mit schuld ist unsere Luftverschmutzung oder ein ungünstiger Arbeitsplatz – auch Nichtraucher treffen. Kennzeichnend sind zunehmende Heiserkeit, chronischer Husten, Gewichtsabnahme. Die Heilungstendenzen sind hier am schlechtesten, vor allem wenn der Krebs erst spät erkannt wird.

5. Brustkrebs

Er ist die häufigste Krebsform der Frauen – auch im Alter, hat aber, früh erkannt, gute Heilungsaussichten. Das einfachste Erkennungszeichen ist das Auftreten von harten Knoten in der Brust, eine einseitig eingezogene Brustwarze oder die Absonderung von Blut oder fleischfarbenem Sekret aus der Brustwarze.
Jede Frau sollte – auch im Alter – einmal in der Woche beim Waschen ihre Brust kontrollieren. Bei vorliegenden Bedenken den Arzt aufsuchen, der durch eine Mammo-

graphie (Röntgen) der Brust oder Ultraschall schnell eine sichere Diagnose stellen kann.

6. Unterleibskrebs

Die bösartigen Geschwülste an der Gebärmutter, den Eierstöcken und am Eileiter machen 40 % aller bösartigen Wucherungen bei der Frau aus. Die Heilungsaussichten bei Gebärmutterkrebs betragen 60 bis 70 % (= endgültig ausgeheilt). Sie steigern sich sogar auf 92 % für alle, die sehr frühzeitig kommen.
Freilich sind häufig junge Frauen betroffen, aber Unterleibskrebs kommt auch im Alter vor. Blutungen – auch im Alter – und der Ausfluß eines fleischfarbenen Schleimes weisen darauf hin. Bei jeder Blutung nach den Wechseljahren unbedingt den Arzt aufsuchen!

7. Hautkrebs

Er nimmt in der letzten Zeit – wohl durch die Störungen in der Atmosphäre und durch die ungefilterte Sonnenbestrahlung – zu. Oft sind es nur warzenartige Gebilde mit harten wallartigen Rändern oder pechschwarzen Einlagerungen (Melanom). Frühzeitig erkannt, kommt er durch Ausschneidung und Röntgenbestrahlung zur Ausheilung.
Im Alter ist es oft nicht einfach, einen Hautkrebs zu diagnostizieren. Die Haut wird faltig, ungleichmäßig pigmentiert. Die häufig der Sonne ausgesetzte Haut bekommt braune Flecke, oft großflächig, oft auch nur linsengroß. Es gibt auch braune bis schwarze schuppige Flecken, die aber leicht abgekratzt werden können und nicht bösartig sind. Man soll aber bei auffälligen Hauterscheinungen nicht zu lange warten, sondern möglichst bald den Hausarzt oder den Hautarzt aufsuchen. Dieser kann entscheiden, ob bei verdächtigen Stellen eine Probeabschabung

eine Klärung bringen kann und ob es sich um einen Hautkrebs handelt oder nicht.

3 Die Behandlungsmethoden

Ist die Krebserkrankung vom Arzt oder im Krankenhaus erkannt, so wird man nach den heute bestehenden wissenschaftlichen Erkenntnissen mit den **klassischen Therapiemethoden behandeln: Operation, Strahlentherapie (Röntgen, Kobalt), Chemotherapie, Hormontherapie und Immuntherapie**.
Die Erfolge der aktiven Behandlung mit Operation, Bestrahlung und Chemotherapie sind vor allem dann, wenn der Krebs früh erkannt wird, doch schon sehr groß. Viele Krankenhäuser haben Spezialabteilungen, viele niedergelassene Röntgenologen haben langjährige und beste Erfahrungen mit der Röntgenbestrahlung. In der Chemotherapie ist man sehr weit fortgeschritten – vor allem durch Forschungen aus den USA; man verabreicht Krebswachstum hemmende Medikamente = Zytostatika. Entscheidend ist für viele, ja die meisten, die **Nachbehandlung,** die Lebensführung, die Ernährungsumstellung.

Der Schock – die Reaktionen auf die Diagnose »Krebs«
Alle Menschen trifft die Diagnose »Krebs« nach den durchgeführten Untersuchungen wie ein Schlag, ein Blitzschlag – oft aus heiterem Himmel, oft aber auch schon vorgeahnt.
Sicher ist Krebs eine schwerwiegende Erkrankung, deshalb führt die Information »Sie haben Krebs« beim Betroffenen sofort zu Angstgefühlen und Gedanken an einen

nahen Tod. Aber man muß sich doch auch klar darüber sein, daß es früher kaum wirksame Behandlungsmethoden gab – daß sich die Behandlung doch erheblich verbessert hat. Wenn man selbst aktiv dagegen etwas tut, sich in vielen Dingen umstellt und den Mut nicht verliert, dann hat man gute Aussichten, geheilt zu werden und wieder ein lebenswertes Leben zu führen.

Umfragen unter Krebspatienten haben ergeben, daß bei einem Drittel der Betroffenen der Schock, den die Diagnose ausgelöst hat, zu einer spontanen kämpferischen Veränderung des Lebensstils führt.[20] In dieser Patientengruppe finden sich auch augenscheinlich die am günstigsten verlaufenden Krankheitsfälle.

Ein weiteres Drittel ist erst nach einer positiven Wegbetreuung durch die behandelnden Ärzte nach Überwindung der seelischen und körperlichen Schockphase in der Lage, den Lebensstil umfassend zu ändern.

Das verbleibende Drittel reagiert auf die Tumorerkrankung depressiv und versteht das Tumorleiden nur im negativen Sinne einzuordnen. Bei diesen Krebskranken stehen das liebevolle Bemühen der Ärzte und des Pflegepersonals sowie eine seelsorgerliche Begleitung im Vordergrund.

> Wichtig ist: Mut fassen, sich vornehmen und bemühen, mit dem Krebs fertig zu werden. Freilich ist dies nicht leicht.

Denn das wissen wir aus der Erfahrung: Bei einem Teil der Tumorpatienten haben psychischer Dysstreß (negativer Streß), Trauer, Unglücklichsein, Angst und Depressionen die Entstehung des Tumors begünstigt. Durch die Mitteilung »Krebs«, aber auch durch die Chemo- und Strahlentherapie wird das Immunsystem zusätzlich geschwächt.

Sich selbst Mut machen – Krebs ist behandelbar – Krebs ist heilbar – Krebs ist kein Fluch – jetzt helfe ich mir selbst[22], diese Einstellung ist eine gute Medizin!

Krebs ganzheitlich behandeln

In der Nachbehandlung besteht bei allen klinisch vorbehandelten Patienten die dringende Notwendigkeit, die Abwehrkraft des Blutes und der Zellen zu stimulieren und zu stärken. In den letzten Jahrzehnten wurden Methoden entwickelt, die sich vor allem als **Zusatzbehandlung** zu Operation, Röntgenbestrahlung und Chemotherapie vielfältig durchgesetzt haben. Nicht nur viele naturheilerisch eingestellte Ärzte, sondern auch viele Krankenhäuser haben die Methoden in ihre Behandlung aufgenommen. Es handelt sich nicht nur um biologische Medikamente, sondern auch um eine Umstellung der Ernährung, eine Verbesserung der Lebensqualität durch Sport, durch Kunstgestaltung, durch mehr Lebensfreude.

Die Verunsicherung der Patienten durch Berichte über die Unwirksamkeit der biologischen Heilmethoden ist weitgehend gewichen, die Schulmediziner interessieren sich für biologische Medizin und wenden sie schon weitgehend an. Aufgabe der Ärzte, der »Schulmedizin«, der »biologischen Medizin« und der wissenschaftlichen Forschung ist es, eingehende wissenschaftliche Untersuchungen über die Wirksamkeit der biologischen Mittel zu erarbeiten. Denn die biologischen Mittel sollen ja beim Patienten nicht nur Hoffnung wecken, sondern auch wirksam helfen. Die Mitbegründerin der Deutschen Krebshilfe, Frau Dr. med. Mildred Scheel, hat vor ihrem Tode um eine enge Zusammenarbeit ersucht, und die Forschung hat hier schon manchen Fortschritt gebracht, z. B. über die Erfolge mit der Überwärmungstherapie (Hyperthermie).

Die Notwendigkeit der Verbesserung der Lebensqualität der Krebskranken im Körperlichen, in der Psyche, im Sozialleben, in den Funktionen des Alltags wird langsam Allgemeingut der ärztlichen Behandlung.

In der Nachbehandlung der Krebserkrankung werden immer mehr als Ergänzung und zusätzliche Behandlung **nicht-schulmedizinische Therapien** eingesetzt, die **naturheilkundlichen** und die **biologisch-chemischen Mittel**: Die Misteltherapie, die Zelltherapie, die Thymus-Therapie, die Sauerstofftherapie, die Überwärmungstherapie – aber auch neu entwickelte Produkte biochemischer Forschung. Sie wurden durch die Fortentwicklung der Biochemie und der Gentechnologie zu neuartigen biologischen Waffen gegen den Krebs.[23]
»Bei der Anwendung der biologischen Therapien geht man davon aus, daß Krebs nicht nur als eine lokale Erkrankung anzusehen ist, sondern daß **die Krankheit ganzheitlich behandelt werden muß.** Diese Methoden versuchen, das Schicksal des Krebskranken zu verbessern und die Heilungschancen zu erhöhen, indem die Heilkräfte des Körpers aktiviert, Krebszellen vernichtet und körperliche Schädigungen möglichst vermieden werden.« (A. Anders)[24]
Auch der alte Mensch bevorzugt die biologische Behandlung, sie ist meist schmerzfrei, kein großer Eingriff, hat kaum Nebenwirkungen und verspricht ihm Besserung und Hoffnung.
So will er die konventionellen Methoden – Operation, Bestrahlung, Chemotherapie – vermeiden.
Die Entscheidung für eine zusätzliche oder gar ausschließlich biologische Behandlung eines an Krebs erkrankten

– vor allem schon alten oder sehr alten – Menschen erweist sich häufig als sehr schwierig. Man muß sich mit Hilfe des Hausarztes ein genaues Für und Wider aufstellen, vor allem dann, wenn etwa durch sensationelle Pressemitteilungen herausgestellte Behandlungsmethoden in Erwägung gezogen werden.

Biologische Krebsbehandlung

Biologische Krebsbehandlungsmethoden sind zum Teil schon Allgemeingut in der Behandlung durch Ärzte und Krankenhäuser. Die Erfolge führen auch oft den Kranken aus seiner Lethargie und geben ihm Hoffnung. Sie sind damit auch Anreger des Immunsystems. Einige der gebräuchlichsten seien hier aufgeführt.

1. Mistelpräparate

Gern gebraucht werden **Mistelpräparate**, so vor allem das Präparat Iscador der Firma Weleda. Sie sind nicht toxisch. Sie werden in Ausnahmefällen bei nicht operierbaren Tumoren allein verwendet, vorwiegend jedoch zusätzlich zur Chemotherapie, zur Operation oder Bestrahlung verabreicht.

Sie sind sehr differenzierbar: So gibt es – je nach der Krebsform – Präparate, die von Misteln auf Eichen, Ulmen, Apfelbäumen oder Kiefern stammen. Sie werden als Pflanzenauszug verwendet, aber auch mit metallischen Zusätzen versehen (Kupfer, Silber oder Quecksilber). Manche Präparateformen eignen sich mehr für Frauen, andere mehr für Männer. Sicher läßt sich sagen, daß die besten Erfolge mit der Misteltherapie dann verzeichnet werden können, wenn sie frühzeitig nach einer Operation angewendet wird. Patienten berichten auch von wesentlichen Verbesserungen der Lebensqualität selbst bei schweren Fällen.[23]

2. Enzympräparate

Zur Vorbeugung gegen bösartige Tumoren, zur Anwendung vor und nach Krebsoperationen, zur Prophylaxe von Metastasen eignen sich Enzymkombinationen als Langzeitbehandlung.

Hervorragende Erfolge erzielte man mit **Wobe-Mugos.** Die **Tabletten** und **Zäpfchen** enthalten besonders Stoffe der Papaya und der Ananas. Enzyme sind Verdauungsstoffe – früher sprach man von Fermenten –, die mithelfen, unsere Nahrung aufzuarbeiten. Meist sind sie in frischem Obst, in frischer Milch, in Gemüsen und Salaten vorhanden. Da der Mensch von heute mehr Enzyme braucht und verbraucht als die Generationen früherer Jahre, muß er sie oft in Medikamenten zusätzlich zuführen. Heute ist die eigentlich enzymreiche Milch durch Pasteurisierung und Haltbarmachung meist »leer«, Obst und Gemüse sind oft welk und aufbereitet und kaum mehr enzymhaltig.

Der hervorragende Kenner der Enzymtherapie Hermann Geesing sagt in seinem Buch »Die beste Waffe des Körpers: Enzyme«: »Um es noch einmal in aller Deutlichkeit zusammenzufassen, damit keine Mißverständnisse entstehen:

Im Grunde ist der Kampf gegen Krebs heute ohne den Einsatz von Enzymen kaum mehr vorstellbar. Enzyme sind keine Krebsheilmittel, die andere Therapien ersetzen könnten. Enzyme sollten immer aber auch dabei sein, wenn es darum geht, etwas gegen Krebs zu tun.

- In der Prophylaxe: Eine gesunde Enzymversorgung ist der beste Garant dafür, von Krebs verschont zu bleiben. Schon Mitte der dreißiger Jahre müssen wir alle sorgfältig darauf achten, daß die körpereigene Enzymversorgung noch gewährleistet ist. Es empfiehlt sich, vom erfahrenen Arzt den Enzymstatus kontrollieren und ihn notfalls korrigieren zu lassen. Vergessen wir auch nicht, daß zumindest manche Krebserkrankungen etwas mit Virusinfektionen zu tun haben, Enzyme aber zu den wirksamsten Waffen unseres Körpers gegen Viren gehören! Eine Enzymtherapie gegen Viren kann somit auch wirksamste Krebs-Prophylaxe sein. Enzyme können dazu beitragen, daß das Immunsystem einen gewissen gesunden Überwachungs-Level erhalten kann, der imstande ist, die Gesundheit zu bewahren.

- Die Enzymtherapie ist wichtig als begleitende Maßnahme neben allen anderen denkbaren Therapien. Die Enzyme tragen mit dazu bei, daß das Immunsystem nicht völlig zerstört und rasch wieder aufgebaut wird. Enzyme schaffen die zerstörten Zellen weg, so daß sich das Leben im Organismus möglichst rasch wieder normalisieren kann. Enzyme verstärken die Wirkung anderer Therapien, dämpfen Entzündungen und lindern Schmerzen.
- Enzymtherapie ist ein besonders wirksamer und von Nebenwirkungen und Belastungen freier **Schutz gegen die Rückkehr der Krebserkrankung** nach der vermeintlichen Heilung. Das ist die wichtigste Einsatzmöglichkeit von Enzymen überhaupt: Wenn wir auch nur einigermaßen sicher sein könnten, daß Krebserkrankungen so behandelt werden können, daß sie endgültig geheilt sind, hätten sie ihren Schrecken verloren. Dann wären wir auch leichter bereit, unangenehme, schmerzhafte Maßnahmen hinzunehmen. Mit einer gezielten Enzymtherapie nach der Operation, nach Chemotherapie oder Bestrahlung kann ein ganz wichtiger Schritt in diese Richtung getan werden.«[24, 25]

3. Heilkräuter und Nahrungsmittel

Es gibt viele Heilkräuter und Nahrungsmittel, die in der Volksmeinung als krebsverhütend und krebshemmend gelten. Empfohlen werden Herbstzeitlose, Immergrün, Misteln. Auch der Genuß von roten Rüben wird allgemein – vor allem in den Ländern des Ostens (Borscht) – als krebshemmend angesehen. Man führt sogar geringere Krebszahlen in der Bevölkerung dort im Vergleich zu den übrigen europäischen Staaten als Beweis an.

Das ganz einfache **Sauerkraut** und seine Wirkung hat jetzt wissenschaftliche Unterstützung gefunden. Wie die »Kneippblätter« I/1993 berichten, vermindert regelmäßiger Verzehr von Sauerkraut das Risiko, an Dickdarmkrebs zu erkranken. Zu diesem Ergebnis kamen Stoffwechsel-Experimente am Institut für Ernährungswissenschaft der Universität Gießen. Sauerkraut und andere milchsaure Gemüse verändern die Aktivität verschiedener Enzyme. Dadurch werden krebserregende Substanzen entgiftet. Die Tatsache, daß Koreaner reichlich milchsauer vergorenes Gemüse essen und deutlich seltener an Dickdarmkrebs erkranken, scheint die Forschungsergebnisse nur zu bestätigen. Sauerkraut wirkt aber auch unabhängig vom Krebsschutzeffekt positiv auf den Magen-Darm-Kanal. Es reguliert die Verdauung und begünstigt eine gesunde Darmflora. Die beste Wirkung zeigt Frischkost-Sauerkraut, das aufgrund seines Geschmacks auch besonders beliebt ist.

Außenseiter in der Krebsbehandlung, wie z. B. Dr. Cornelis Moermann, wollen mit einer 42tägigen Entschlakkungskur nur mit Gemüsesäften und Tees heilen. Empfohlen wird vor allem der Genuß von Salbeitee und Storchenschnabelkrauttee.[28]

Auskünfte: Das Deutsche Krebs-Forschungszentrum in Heidelberg kann täglich Montag–Freitag zwischen 7 und 20

Uhr von jedermann unter Tel. 062 21/41 01 21 angerufen werden. Ein zwölfköpfiges Experten-Team berät und klärt auf, nennt Spezialbehandlungen und Kliniken etc.

4. Die Wärmetherapie (Hyperthermie)

Zu den wenigen Waffen, die in den letzten Jahren im Kampf gegen den Krebs ihre Bewährungsprobe bestanden haben, gehört die Hyperthermie. Diese Wärmebehandlung ist inzwischen mit hochqualifizierten Spezialgeräten in der Lage, bösartige Zellen abzutöten, und wird heute, ausschließlich gemeinsam mit anderen bereits etablierten Standardtherapien, eingesetzt. Die **Deutsche Krebshilfe (DKH)** hat die große Bedeutung dieser Behandlungsmethode früh erkannt und nachhaltig gefördert. Die 1985 verstorbene Gründerin der Krebshilfe, Frau Dr. med. Mildred Scheel, hat in die Wärmetherapie große Hoffnungen gesetzt und schriftlich niedergelegt, daß die Hyperthermie ein »vielversprechendes experimentelles Verfahren ist, das weltweit abgeklopft« werde. Seither sind in der Überwärmungstherapie enorme Fortschritte gemacht worden. Seit 1977 förderte die Deutsche Krebshilfe zwölf Hyperthermie-Projekte mit einem Gesamtvolumen von 19.606.600 DM (»Deutsche Krebshilfe«, Heft Nr. II/93).

Mildred Scheel wußte, daß Hyperthermie – das griechische Wort für Überwärmung – schon vor vielen Jahrhunderten medizinisch genutzt wurde. Denn bereits damals hatten Ärzte herausgefunden, daß bösartige Geschwülste besser heilten, wenn ein Patient längere Zeit hohes Fieber gehabt hatte. Erst in der zweiten Hälfte dieses Jahrhunderts fanden wieder Experimente mit der Hyperthermie statt. Wissenschaftler stellten bald fest, daß sie bei Krebskranken besonders gut wirkte, wenn sie mit anderen Therapien kombiniert wurde; im deutschsprachigen Raum er-

kannte als erster der Ostdeutsche Physiker Manfred von Ardenne in Dresden diesen Zusammenhang. Inzwischen ist die Hyperthermie dem Experimentierstadium entwachsen und weithin anerkannt.
Bei allen Analysen und Untersuchungen bestätigte sich, daß die Wärmebehandlung ihre höchste Effektivität erzielt, wen sie zeitgleich mit Strahlentherapie und/oder Chemotherapie angewandt wird.
In fortgeschrittenem Stadium der Krebserkrankung ist es vielfach gelungen, große Tumoren mit Hilfe von Hitze zu verkleinern, so daß sie besser weiterzubehandeln waren. Oft gingen durch den Verkleinerungsprozeß auch die Schmerzen, die den Kranken zuvor quälten, erheblich zurück.

Adressen der Hyperthermie-Förderprojekte der Deutschen Krebshilfe:

Medizinische Universität Freiburg;
Radiologisches Zentrum des Universitätsklinikums Essen (lokale Hyperthermie in Kombination mit der Chemotherapie bei Malignomen);
Medizinische Klinik III der Universität München (Klinikum Großhadern);
Augenklinik der Universität München, Lehrstuhl der Hochfrequenztechnik der Technischen Universität München (Behandlung maligner Aderhautmelanome);
Radiologische Klinik und Poliklinik München (Klinikum Großhadern): Hyperthermie in Kombination mit Strahlentherapie;
Institut für Radiologie und Pathophysiologie des Krebsforschungszentrums Heidelberg, Abteilung Neurochirurgie;
Universität Köln: Mikrowellen-Hyperthermie von malignen Hirntumoren in Kombination mit interstitieller Bestrahlung;

Radiologisches Zentrum des Universitätsklinikums Essen;
Universitäts-Kinderklinik Düsseldorf, Abteilung für Pädiatrische Hämatologie und Onkologie;
Universitätskinderklinik Tübingen (Tumoren im Kindesalter);
Radiologische Klinik und Poliklinik des Universitätsklinikums Rudolf Virchow, Berlin;
Medizinische Klinik und Poliklinik des Universitätsklinikums Rudolf Virchow, Berlin.

Tumornachsorge und Tumornachbehandlung
Oft gibt es eine Lücke nach der Operation, der Bestrahlung, der Chemotherapie; der Patient fühlt sich verlassen, verunsichert, ob der Krebs Metastasen bildet oder nicht. Zu einer richtigen Nachbehandlung gehören nicht nur die Anwendung erprobter naturheilerischer Methoden, sondern auch psychische Betreuung, Ernährungsumstellung, Sport, Aktivierung der gesamten Persönlichkeit – eine ganzheitliche Behandlung!
Mit Recht schreibt »Biosynthesen« 1/1992: »In der **Tumornachsorge entscheidet sich das Schicksal des Krebspatienten**. In der Diskussion sind heute weniger die standardisierten Verfahren Operation, Radio- oder Chemotherapie. Ihre Notwendigkeit, Chancen und Grenzen sind weitgehend bekannt. Heute geht es vielmehr um die **therapeutische Lücke** zwischen kurativer Medizin und palliativer Medizin, also um Therapieverfahren, die weniger auf den Tumor ausgerichtet sind als auf den Patienten. **In erster Linie gilt es, die Abwehrkräfte zu stärken**, die den Patienten überhaupt erst in die Lage versetzen, sich aktiv gegen die Krebskrankheit zu behaupten. Eine derart verstandene integrative Betreuung hilft nicht nur, die Ergebnisse der Standard-Therapieverfahren zu verbessern, da sie die

therapiebedingte Immunsupression mildern, sie nutzt auch vor allem Patienten in der Tumornachsorge. Gerade in der Tumornachsorge entscheidet sich in der Regel das weitere Schicksal des Krebspatienten.«
Dazu gehören Beschäftigung, Eustreß (positiver Streß), Sport und vernünftige Ernährung, Freude und bewußte Ziele und Aufgaben.

Aktivierung des Immunsystems

Der alte Mensch, der Krebs hat und schon mit den herkömmlichen Methoden behandelt wurde, kann seine Chance zu überleben und weiter ein lebenswertes Leben zu führen, dadurch bekommen, daß er sein **Immunsystem** kräftigt, mobilisiert, bewußt aufbaut.
Was ist das Immunsystem? Dr. med. Hermann Geesing formuliert es in seinem lesenswerten Herbig-Gesundheitsratgeber »Die beste Waffe des Körpers: Enzyme« so: »Immunsystem: Darunter versteht man die sehr komplizierte und vielgestaltige Einrichtung des Körpers, die es ihm überhaupt ermöglicht, sich in der Umwelt zu behaupten und sich selbst vor Entartung zu schützen. Zu diesem Gesunderhaltungssystem gehört nicht nur das Knochenmark als ›Geburtsstätte‹ der Blutzellen, sondern auch das Lymphsystem mit den Lymphknoten, gehören im weitesten Sinn auch die Entgiftungs- und Ausscheidungsorgane Leber und Nieren.
Ein spezielles Immunsystem ist die Haut, das ›Gehirn‹ des Immunsystems die Thymusdrüse.«[25]

Was hilft alles dabei, das Immunsystem zu aktivieren und aufzubauen?

Professor Gerhard Uhlenbruck vom Institut für Immunbiologie in Köln führte in einem Seminar »Immundiagnostik

und Immuntherapie in der Praxis« unter anderem aus: »Die vorwiegend psychologischen Effekte, die durch Gymnastik und Spiel hervorgerufen werden, wirken sich positiv auf das Immunsystem aus. Die Ausdauersportarten Laufen, Schwimmen, Radfahren, Rudern und Skilanglauf fördern die Gesundheit und stabilisieren die Fitneß. Durch die gleichzeitige Umstellung der Ernährung und die Gewichtsreduktion werden die Risikofaktoren wie Diabetes, Hypertonie und Hypercholesterinämie günstig beeinflußt und die natürlichen Alterungsprozesse signifikant verzögert.
Der **moderate Ausdauersport fördert die psychische Stabilisierung**, so daß es zu einer harmonischen Ausgeglichenheit zwischen Seele, Geist und Körper kommt. Dabei sollte nicht vergessen werden, daß eine gewisse Zufriedenheit des Menschen aufgeschlossener macht für kreative Leistungen und auch für Glücksempfindungen in anderen Bereichen des Lebens.
Durch die sportliche Belastung wird die Immunabwehr gestärkt, da sie einen entzündungsähnlichen Reiz auslöst. Sowohl die unspezifische (Makrophagen, natürliche Killerzellen, Akute-Phase-Proteine) als auch die spezifische Immunabwehr (Antikörper, T-Lymphozyten) wird aktiviert und stimuliert. Das heißt, daß durch den moderaten Ausdauersport auch die körpereigenen Abwehrkräfte ›trainiert‹ werden.
Wichtig ist dabei vor allem, daß **das Erlebnis sportlicher Betätigung Spaß und Freude macht.** Der Therapeut hat daher darauf zu achten, daß der Ausdauersport spielerisch ohne Leistungsdruck und Zwang ausgeübt wird. Das Gefühl der Freude stellt sich beim Ausdauersport erfahrungsgemäß erst nach Beendigung des Trainings ein, wenn der Patient stolz darauf ist, daß er diese Belastung erfolgreich bewältigt hat.

Es darf auch nicht vergessen werden, daß es nicht der Sport allein ist, mit dessen Hilfe der Krebspatient eine Stimulierung seines Immunsystems herbeiführen kann. Die geistig-seelische Bewältigung muß immer parallel laufen. Der Patient soll angeleitet werden, **seine Hobbys wieder mehr zu pflegen. Nur wer sich eine Aufgabe gibt, gibt sich nicht auf.**«[22]

Der Anti-Krebs-Effekt des Ausdauersports

- Psychische Stabilisierung und Harmonisierung;
- Stimulation des gesamten Immunsystems;
- verantwortungsbewußte Ernährung: kein Übergewicht;
- Sauerstoffsättigung und bessere Durchblutung bzw. Entschlackung.

(nach Professor Uhlenbruck – Köln)

Gesteigertes Selbstwertgefühl durch positive Kunstgestaltung

Große Erfolge hat man bei Tumorpatienten durch Förderung ihrer künstlerischen Neigungen erzielt. Freilich muß man den Patienten zu einem Erfolgserlebnis bringen, das ein wesentliches Element für ein ausgewogenes Selbstwertgefühl ist. Man braucht schon Anregungen, Anleitung und Korrektur, damit man selbst und andere Freude an der eigenen Schöpfung finden. Vor einigen Jahren gründete Dr. med. Bernhard Ost die Gruppe »Lotus«, die zur »Selbsthilfe nach Krebs und für Gefährdete e. V. Düsseldorf« gehört. Dort treffen sich Tumorpatienten zur gemeinsamen künstlerischen Arbeit und finden viel Freude daran.

Freilich gibt es nicht in allen Orten solche Einrichtungen. Aber nicht selten bieten heute Volkshochschulen und private Kunstkurse ähnliche Möglichkeiten. Nützen Sie die Gelegenheit, haben Sie Mut anzufangen!

Die Ernährung verhütet und heilt Tumorleiden

Eines ist sicher: Es gäbe weniger Krebskranke, wenn sich die Menschen richtig und gesund ernähren würden – und könnten, muß man dazu sagen. Denn wer kann sich bei unseren heute doch oft denaturierten Nahrungsmitteln noch ganz gesund ernähren? In vielen Nahrungsstoffen – chemisch verdorbenen und gespritzten Lebensmitteln – sind Krebserreger; auch die Zusammensetzung und die Fülle des Essens können Krebsentstehung fördern. Freilich kann man heute noch keine »krebshemmende Kostform« definieren, wie der Ernährungsexperte Professor Dr. med. Peter Schauder von der Medizinischen Klinik Göttingen kürzlich ausführte.[27]

Es wird eine Vielzahl von sogenannten »Krebsdiäten« angeboten, und es gibt eine Unmenge von Büchern über richtige Ernährung bei Krebspatienten. Ich will nur einige – wissenschaftlich begründete – aufführen: Professor Dr. Werner Zabel: »Die interne Krebstherapie und die Ernährung des Krebskranken«, Bircher-Benner-Verlag 1984, 11. Auflage – Liselotte Kretschmer-Dehnhardt: »Die Ernährung des Krebsgefährdeten und Krebskranken«, Haug-Verlag 1983, 7. Auflage – Dr. med. W. Schultz-Friese: »Rezepte für eine krebsfeindliche Vollwertkost«, Bircher-Benner-Verlag 1988.

Nach den heutigen wissenschaftlichen Erkenntnissen entspricht eine »Krebsdiät« eigentlich dem, was man unter einer **vernünftigen Ernährung** versteht.

Schon 1982 hat das »Committee on Diet, Nutrition and Cancer« der National Academy of Sciences in den Vereinigten Staaten entsprechende Ernährungsrichtlinien formuliert, die auch heute noch ihre Gültigkeit haben.

Empfehlungen des »Commitee on Diet, Nutrition and Cancer«

Weniger Fett essen
Der Fettkonsum sollte um 25 % gesenkt werden, sowohl bei gesättigten wie auch bei ungesättigten Fetten. Hoher Fettkonsum steht in engem Zusammenhang mit Neuerkrankungen an Dickdarm- und Brustkarzinomen.

Mehr Obst, Gemüse, Vollkornprodukte täglich
Damit soll vor allem eine adäquate Zufuhr von Vitamin C (Zitrusfrüchte), Vitamin A (karotinreiches Gemüse) und Selen sichergestellt werden, die schützenden Effekte gegenüber Krebserregern haben.

Wenig gepökelte Fleischwaren und Räucherwaren
Solche Produkte können höhere Konzentrationen an Nitrosaminen und polyzyklischen Kohlenwasserstoffen enthalten.

Alkohol nur in Maßen
Besonders Raucher sollen Alkohol meiden.

Keine ausreichenden Befunde liegen vor über die Effekte von Ballaststoffen, Cholesterin, Vitamin C, gechlortem Wasser, Zucker, Eiern, Koffein, Kaffee oder Tee.

Neue Erkenntnisse zur Ernährung bei Krebs
Neue Hinweise zur rechten Ernährung bei Krebskranken gab die »Gesellschaft für Biologische Krebsabwehr e. V.« Heidelberg. Sie stellte heraus, daß bei Krebs nur drei Diäten zu empfehlen sind: **vollwertig, vegetarisch oder Trennkost** (»Ärztliche Praxis« vom 19. März 1994). Grundsätzlich muß man aber sagen, daß es keine »Heildiät« gegen Krebs gibt, sondern eine vernünftige Ernährung nur den Ge-

nesungsprozeß unterstützen kann. Die wissenschaftliche Gesellschaft sprach aber auch eine Warnung aus: Krebspatienten, die neben konventioneller Therapie Diät einhalten wollen, sollte man wegen drohender Mangelversorgung unbedingt von makrobiotischer Kost, Schnitzer- und Moermann-Diät sowie Breuss-Saftenkuren abraten. Ohne Bedenken könne man nur Vollwertkost, vegetarische Ernährung und Hay-Trennkost empfehlen. Die Empfehlung: nicht zuviel an Fett und tierischem Eiweiß, genügend und viel an Ballaststoffen (Gemüse, Salat, Obst) und an den Vitaminen A, C, E sei immer richtig. Das Prinzip der **Vollwertkost**, alle Nahrungsmittel möglichst naturbelassen zu verzehren, ist erfolgreich. Die Hälfte der Nahrung sollte aus pflanzlichen Produkten bestehen – davon wiederum die Hälfte in Form von Rohkost (Salate, Obst). Gemüse kann leicht angegart werden. Vollkornprodukte und Milcherzeugnisse ergänzen den Speiseplan. Der Fleischanteil sollte mäßig, der Anteil an Fett stark reduziert sein.

Wichtig bei **vegetarischer Kost**: Nicht übertreiben! Neben Vegetabilien gehören auch Milchprodukte und Eier auf den Tisch, ebenso Fisch und hin und wieder eine Portion Fleisch.

Die **Trennkost nach Hay** basiert auf Vollwerternährung. Zusätzlich fordert sie eine Trennung von Kohlehydraten und Eiweiß bei den Mahlzeiten. Das ist nach Meinung von Experten zwar überflüssig, gefährdet aber eine optimale Versorgung nicht.

Neuere Forschungen, vor allem in den USA, bestätigten wissenschaftlich einwandfrei die **krebsverhütende Wirkung der Vitamine E, C und Beta-Carotin**: Sie verhindern die Bildung von Tumoren, sie sind »Antioxidanzien«, wie der Fachausdruck heißt. So konnte zum Beispiel die vorbeugende Wirkung von Beta-Carotin in 46 epidemiologi-

schen Studien geprüft werden (»Medizin-Telegramm« 3/94). In 41 dieser Untersuchungen verminderte sich das Risiko, an einem Bronchialkarzinom zu erkranken, um die Hälfte. Ebenso reduzierte eine erhöhte Beta-Carotin-Einnahme die Gefahr von Mund-, Nasen- und Magenkrebs.
Vitamin C verringert die Gefahr eines Magen-Karzinoms um 50 %. Vitamin E kann vor allem vor Blasenkrebs schützen. Auch Hautkrebs und Bauchspeicheldrüsenkrebs werden bei hohen Vitamin-E-Werten im Blut weniger beobachtet.
Und eine andere, schon längst bekannte Nebenwirkung hat die reichliche Zufuhr von Vitaminen: Vitamine und Spurenelemente sorgen dafür, das Immunsystem günstig zu beeinflussen und die Infektionsrate zu verringern.

Broschüren über Krebshilfen:
Auch Ratgeber für Nichtbetroffene, z. B. die Titel »Krebsschmerzen wirksam bekämpfen«, »Hautkrebs – ein Ratgeber nicht nur für Betroffene«, »Darmkrebs« u. a., können bei der **Deutschen Krebshilfe**, Thomas-Mann-Straße 40, 53111 Bonn, in vertretbaren Mengen kostenlos bestellt werden, ebenso das Faltblatt für Angehörige »Hast du denn akzeptiert, daß ich Krebs habe – Gesprächshilfen für Angehörige«.

Werden Sie Mitglied bei der Deutschen Krebshilfe
oder ihr Förderer, Sie helfen vielleicht sich und anderen!
Viele Betroffene stehen allein und haben niemanden, mit dem sie sich aussprechen können. Durch nichts zu ersetzen ist aber das persönliche Gespräch. Wer keinen Ansprechpartner in seiner Umgebung hat, kann sich an das Dr.-Mildred-Scheel-Haus, Joseph-Stelzmann-Straße 9, 50937 Köln, wenden. Tel. 02 21/478 42 36.

IV. Die psychischen Alterskrankheiten

Mit der Zunahme der alten Menschen, vor allem der Hochbetagten, nahmen in bisher nie gekanntem Ausmaß die psychischen Alterskrankheiten zu: die Demenz, die Alzheimersche Erkrankung, die Depression.
Im Auftrag des Bundesministeriums für Forschung und Technologie hat Prof. Dr. Dr. Heinz Häfner, Direktor des Zentralinstituts für seelische Gesundheit in Mannheim, einen Bericht über die »Psychische Gesundheit im Alter« erstellt.[29]
Hervorgehoben wird die Bedeutung der häufigsten psychischen Alterskrankheiten, der **Depression** und der **Demenz**. Die Demenz ist das häufigste und zugleich folgenschwerste psychische Leiden im Alter. Rund 5 % der über 65jährigen und ungefähr 20 % der über 80jährigen sind von dieser Krankheit betroffen. Bei den über 90jährigen rechnet man mit 30 %. Die »Ärztliche Allgemeine«, ein Themenheft der Ärztezeitung vom Dezember 1991, spricht in einem Sonderheft von »Demenz – Die große Herausforderung zum Ende dieses Jahrhunderts«.
Mit Recht tritt die Gerontologin Professor Dr. Ursula Lehr (ehemals Bundesgesundheitsministerin)[31] dem entgegen und meint, daß »das Risiko, im Alter dement zu werden, in der Öffentlichkeit doch oft überschätzt wird. Wenn es um das Altern geht, sollten nicht immer nur die Risiken und Defizite erwähnt werden, sondern auch über Chancen und Entwicklungsmöglichkeiten gesprochen werden.«

1 Die Demenz – und ihre Ursachen

Der Begriff »Demenz« beschreibt **keine Krankheit**, sondern ein **Syndrom, ein klinisches Zustandsbild**. Die Demenz – abgeleitet von »demens«, ohne Geist sein – wird als »Abnahme erworbener intellektueller Fähigkeiten« definiert, wobei noch nichts über die Ursache ausgesagt ist. Die der Demenz zugrundeliegenden Hirnveränderungen führen zum fortschreitenden Verlust von Gedächtnis, Intelligenz und Erlebensfähigkeit. Im späteren Stadium können auch körperliche Behinderungen, etwa der Verlust der Blasen- und Mastdarmkontrolle, hinzukommen.
Oft sagt man auch für die Demenz: hirnorganisches Psychosyndrom, zerebrale Insuffizienz oder auch Zerebralsklerose.
Die Demenz-Syndrome lassen sich in zwei große Gruppen einteilen: die **primären** und die **sekundären**, durch andere Grunderkrankungen verursachten Formen.

Die primäre Demenz

Zu den **primären** zählen **Demenzen vom Alzheimer-Typ, die mindestens 50 bis 60 %, also den weitaus größten Teil aller Demenzen ausmachen.** Erstmals wurde das Krankheitsbild 1906 von dem deutschen Nervenarzt Alois Alzheimer beschrieben: Die Ursachen der Erkrankung sind auch heute noch unbekannt.[32] Es wurde schon damals nachgewiesen, daß die Gehirne der Alzheimer-Patienten viele degenerierte Nervenendungen aufwiesen und daß die Zahl der Nervenzellen reduziert ist. Gleichzeitig fand Alzheimer zahlreiche Anlagerungen unlöslicher Eiweißfasern, die Amyloidfibrillen, in den Gehirnen. 80 Jahre später haben amerikanische und australische Forscher zusammen mit dem Heidelberger Molekularbiologen Profes-

sor Dr. Konrad Beyreuther die Zusammensetzung der charakteristischen Eiweißablagerungen im Gehirn von Alzheimer-Patienten entschlüsselt.
Man glaubt, daß die Ansammlung des A4-Proteins der Auslöser ist und die Zerstörung von Nervenzellen beim Morbus Alzheimer in Gang setzt. Neuerdings haben Wissenschaftler wieder neue Erkenntnisse über die Entstehung der Alzheimer-Krankheit gefunden, so daß gezielt mit einer geeigneten Therapie begonnen werden kann. Die kleinen Fortschritte berechtigen zu der Hoffnung, daß bald mehr gegen diese grausame Krankheit getan werden kann.
Zu den primären Demenzen zählen auch die **vaskulär bedingten**, die circa 15 % ausmachen. Sie entstehen durch die Minderdurchblutung des Gehirns, die zu Sauerstoff- und Energiemangel führt und die **Arteriosklerose** (im Volksmund Arterienverkalkung) und Blutungen im Gehirn auslöst. Der **Bluthochdruck** ist für arteriosklerotische Demenzen der Hauptrisikofaktor. »Durch Blutdrucksenkung und Blutdrucküberwachung läßt sich daher das Demenz-Risiko mindern.«[33]
Auch der **Diabetes mellitus** = Zuckerkrankheit (siehe Seiten 82ff.) ist ein Demenz-Risiko, da er die Gehirngefäße verengt und zu Gehirnstörungen führt.

Früherkennung und Behandlung des Bluthochdrucks und der Zuckerkrankheit können Altersdemenz rechtzeitig vorbeugen und verhindern.

Die sekundär bedingte Demenz
Sekundär bedingte Demenzen sind unter anderen jene, die durch Unterfunktion der Schilddrüse, durch Alkohol-Intoxikation oder entzündlich, etwa durch HIV-Infektion (AIDS), hervorgerufen werden. Vor allem **chronische Alkoholiker**

können schon frühzeitig dement werden und intellektuell und geistig abfallen. Sie vernachlässigen ihr Äußeres, lassen ihre Wohnung verkommen, kümmern sich wenig um Umwelt und Umweltereignisse, verlieren ihre bisherigen Interessen. Man hat den Eindruck, das Ich löst sich auf.

Die Behandlung der Demenz – Therapie zwischen Hoffnung und Resignation

Professor Dr. Ingo Füsgen, ein Demenz-Experte und Vorsitzender des »Forums häusliche Pflege«, schreibt aus einer großen Erfahrung heraus: »Der Behandlung von Patienten mit primären Demenzen sind enge Grenzen gesetzt, die Erfolge sind eher bescheiden. Der weitverbreitete Nihilismus (man kann nichts machen) ist aber fehl am Platze. Wichtig ist die **ganzheitliche Betreuung der Patienten**, die im übrigen auch die Angehörigen einschließt.«[34]
Es bietet sich der Einsatz einer **medikamentösen Therapie, die natürlich in die Hand des Arztes** gehört. Zu den Erfolgsmedikamenten – vor allem in den Anfangsstadien der Demenz – gehören die **Ginkgo-Präparate**, gewonnen aus den herzförmigen Blättern und anderen Bestandteilen des aus Japan stammenden Ginkgo-Baumes, so vor allem das Spezialpräparat **Tebonin** der Firma Schwabe.
Arzneimittel, die unter dem Begriff der Nootropika zusammengefaßt sind, sind in der Ärzteschaft immer noch eine umstrittene Arzneimittelgruppe bei der Behandlung von Hirnleistungsstörungen. Behandlungen mit Spezialpräparaten, die der Hausarzt oder der Nervenarzt verordnet, sollen nach den bisherigen Erfahrungen doch mindestens drei Monate dauern. Danach kann erst der Therapieerfolg eingeschätzt werden.

Was können Angehörige und Pfleger tun?
Oft sind die Angehörigen schwer bedrückt und erschüttert, wenn die früher so lebendige Mutter oder der rüstige Vater geistig nachlassen, wenn ihre Antworten und Tätigkeiten oft so sinnlos sind und wenn sie keine eigene Initiative entwickeln. Was kann man machen? Man muß immer wissen, das ist eine Krankheit, keine Boshaftigkeit oder Verstellen oder Nichtwollen.
Man muß viel Geduld aufbringen, man muß mit den Angehörigen ganz einfache Sachen üben. Dasselbe gilt für Pfleger und Schwestern in den Pflegeheimen.

Demenzkranke müssen üben wie im Kindesalter
Im Verlauf seiner Erkrankung erfährt der Patient, daß seine Fähigkeiten zur Verrichtung bestimmter Aktivitäten langsam schwinden. Man muß daher darauf hinarbeiten, daß er die Selbständigkeit möglichst lange erhält. Das hebt das **Selbstwertgefühl** und gibt wieder Mut. Das Selbständigkeits- und Selbsthilfetraining soll dem Patienten bei der Bewältigung seiner Alltagsaktivitäten helfen. Geübt werden das Essen mit Messer und Gabel, Aus- und Anziehen, Waschen, Toilettenbenützung und anderes. In stationären Einrichtungen ist ein solches Training durch das Pflegepersonal in Form einer aktivierenden Pflege möglich. Zu Hause kann man versuchen, ein Selbsthilfetraining durch die Angehörigen unter Anleitung einer **Ergotherapie**[35] zu gestalten. Ergotherapie (Beschäftigungstherapie durch einen Beschäftigungstherapeuten) ist ambulant rezeptierbar, und die Kosten werden von den Kassen erstattet.[36]

Zur Bewegungstherapie gehört das Treppensteigen
Die Bewegungstherapie ist eine zentrale Säule der Demenzbehandlung (Füsgen). Sie hilft auch, die physiologi-

sche und psychologische Situation des Patienten und die soziale Integration zu verbessern. Körperliche Fitneß ist eine wirksame Therapie gegen vorzeitige Leistungsschwäche. Für den einzelnen Patienten zu Hause kann aber auch schon der **tägliche Spaziergang** bewegungstherapeutisch wirken. Ein häufiges Problem Demenzkranker ist das Treppensteigen. Der Verlust dieser Fähigkeit ist für jemanden, der etwa im dritten Stock wohnt, gleichbedeutend mit sozialer Isolation. Daher sollte das Treppensteigen geübt werden, es kann darüber hinaus auch als ideales Muskel- und Kreislauftraining angesehen werden (Füsgen).

Als motivationsfördernd hat sich die Verwendung von Gegenständen erwiesen, die leicht, weich, griffig und wegen der häufigen Sehschwäche der Patienten gut sichtbar sein sollten. Geeignet sind zum Beispiel Plastikringe, bunte Tücher, Luftballons, Bälle oder Seile. Übungen damit kann man zu Hause machen, wenn man sich etwas Zeit nimmt, oder vom Ergotherapeuten zeigen lassen. In der **Gruppentherapie** sorgt der Einsatz solcher Hilfsmittel nicht nur für Abwechslung und Spaß, sondern steigert auch die Intensität der Bewegungen. **Zusätzlich Musik und gemeinsames Singen alter Volkslieder oder bekannter Schlager steigern ebenfalls die Motivation.**

Ausgewogene und altersangepaßte Ernährung

Eine altersgerechte Ernährung fördert die körperliche und geistige Belastbarkeit und beugt einem demenzverstärkenden **Vitamin- und Fermentmangel vor.**[35]

Auch das Trinken muß verordnet werden. Wichtig ist eine ausreichende Flüssigkeitsaufnahme. Eine akute Verschlechterung der Hirnleistung ist oft eine Folge von Flüssigkeitsmangel. Besonders der ältere Patient »vergißt« oft aufgrund seines mangelnden Durstgefühls das Trinken. Er braucht aber täglich mindestens zwei Liter Flüssigkeit. Daher den alten Menschen regelmäßig zum Trinken auffordern. Besonders eignen sich natriumarme Mineralwasser.

Verwirrtheitszustände behandeln

Endformen der Demenz sind die **Verwirrtheitszustände**, die an Pfleger und pflegende Angehörige oft ungeheure Anforderungen stellen. Es fehlt die Kontaktmöglichkeit, der Kranke entgleist, geht weg, ohne zu wissen wohin. Hier gilt es, schon den Anfängen zu wehren und besondere Krankheitssymptome wie Depression, Erregungszustände und schwere Schlafstörungen frühzeitig gut medikamentös zu behandeln.

Ein geschützter häuslicher oder ein pflegerischer Rahmen im Altenheim ist die beste Voraussetzung für den verwirrten Menschen, um seine noch vorhandenen individuellen Fähigkeiten zu üben.

Da unsere Gedankengänge von Verwirrten nicht wahrgenommen werden, ist das Wichtigste im Umgang mit dement Verwirrten **die persönliche Zuneigung, die Kommunikation ohne Worte**, das heißt der Blickkontakt, Zuhören, Berühren. Der Demente nimmt Gefühle wahr, auch ein Lächeln, das man ihm schenkt. Aber wo hat man dazu Zeit, Geduld und menschliche Kraft? Ohne Sicherheitsverwahrung, vor allem in der Familie, wird man meist nicht auskommen, da es noch mehr Aufregungen gibt, wenn der Verwirrte ausreißt und in der Stadt oder der Umgebung ziellos umherirrt.

Hilfen für Pfleger und pflegende Angehörige

Reisberg, B.: »Hirnleistungsstörungen: Alzheimersche Krankheit und Demenz«, Beltz-Verlag, Weinheim.

»Wenn die geistigen Kräfte nachlassen«, Cassella-Riedel-Pharma-Patienten-Service, Hanauer Landstraße 521, 60386 Frankfurt/M.
Deutsche Alzheimer-Gesellschaft e. V., Mauerkircherstraße 21, 81679 München, Tel. 089/98 66 23.

2 Die Depression

Wenn heute immer mehr alte Menschen in eine depressive Stimmungslage geraten, so ist es wohl in erster Linie die Isolation, das Alleinsein, das ihnen die Lebensfreude nimmt. Darum ist auch der Anteil depressiv Erkrankter bei Menschen, die zu Hause oder in der Familie leben, viel geringer als bei denjenigen, die in Altenpflegeheimen oder in Altenheimen leben. Professor. Heinz Häfner[29] zitiert Untersuchungsergebnisse: Danach lag der Anteil depressiv Erkrankter in Altenpflegeheimen in New York bei 52,9 %, in Mannheim bei 54,7 %, und in London bei 83,3 %.
Auch die Depression kann von dementen Erscheinungen, die sich als Gedächtnisverlust oder gehemmtes Denken manifestieren, begleitet werden.
Depressionen haben verschiedene Masken. Gerade in Anfangszuständen sind sie nicht immer leicht zu diagnostizieren: Meist ist es ein Symptomenkomplex aus trauriger Verstimmung, Angst, Denkhemmung und körperlichen Störungen, der das depressive Syndrom prägt. Lustlosigkeit, körperliche Gebrechen, Kontaktarmut treiben in die Isolation. Anfangs treten dann oft nur Schwindelgefühle auf, Kopfdruck, Herzjagen, vielfältige körperliche Beschwerden, die Depression schlägt sich in einzelnen Körperteilen nieder (somatisierte Depression!).

Der durch die Depression ausgelöste langsame geistige Rückzug kann schließlich ebenso zu Hilflosigkeit und Abhängigkeit führen wie organisch bedingte Formen der Demenz.

Ursachen

Ursachen sind häufig tiefgreifende Verlusterlebnisse wie der Tod eines Ehepartners, gesellschaftliche Isolation, mangelndes körperliches und geistiges Gefordertsein, schwindende Vitalität und Nachlassen der Sinnesfunktionen oder auch der Wechsel der gewohnten Umgebung; es kann aber auch eine ererbte Anlage dazu vorhanden sein.

Behandlung durch Medikamente und Psychotherapie

Depressive können durch Medikamente und durch psycho- und soziotherapeutische Maßnahmen erheblich erfolgreicher behandelt werden als Demente.

Es ist eine große Anzahl von aufhellenden Psychopharmaka vorhanden, die der Hausarzt oder der Nervenarzt verordnen kann. Für einige depressive Formen können auch homöopathische Mittel angewendet werden. Doch sind die pflanzlichen Tranquilizer noch zuwenig erforscht. Daher heißt es auch mit Recht in »Consilium cedip«, dem Fachbuch für Naturheilweisen:[37] »In Anbetracht der stürmischen Entwicklung, die die chemischen Tranquilizer und Antidepressiva in den letzten Jahren machten, sind die phytotherapeutischen Tranquilizer noch nicht genügend erprobt. Für akute Fälle oder gefährdete Patienten ist der Phytotranquilizer auch nicht geeignet.«

Freilich kann es auch nicht der Sinn sein, den depressiven alten Menschen mit Tranquilizern vollzupumpen. Viel mehr kann eine **ausführliche Aussprache, eine psychotherapeutische Behandlung und Führung bewirken**. Professor Häfner plädiert bei der Behandlung chronischer Depressionen im Alter für die verstärkte Entwicklung und Wirksamkeitsprüfung psychotherapeutischer Verfahren, eine Aufgabe, die bisher stark vernachlässigt wurde. Insbesondere mit der kognitiven und der Verhaltenstherapie sind erfolgversprechende Behandlungsmaßnahmen verfügbar. Dies bestätigte auch eine Studie von A. Kruse: »Psychotherapie im Alter« in: Notabene Medici 1/1987.

Einbeziehung von Angehörigen

Der Einbeziehung von Angehörigen in die Behandlung kommt dabei große Bedeutung zu. Der Besuch von Nachbarn, das Gespräch, die Unterhaltung, das Kartenspiel und das Musizieren miteinander beseitigen oft schneller die depressive Verstimmung als das Medikament. Dies gilt vor allem auch im Alten- und Pflegeheim. Mut machen, Hoffnung geben, unterhalten und ansprechen – das allein hellt oft schon auf. Nachbarschaftshilfe, Initiativen zu Versorgung und Hilfe für alte Menschen innerhalb von Stadtteilen, Kirchengemeinden oder Hausgemeinschaften könnten nach sozialpsychologischen Erkenntnissen alte Menschen vor Isolation, Depression und Hilflosigkeit bewahren.[38]

Die **Gesprächsführung** mit depressiven alten Menschen ist nicht immer einfach. Sie kommen von ihren Ängsten und Sorgen nicht weg. Man muß mit Verständnis, aber auch immer mit fester Zuversicht mit ihnen sprechen und darf sie nicht mit Forderungen konfrontieren, wie zum Beispiel: »Reiß dich zusammen!« Dadurch erleben sie wieder viel stärker ihr Nichtkönnen, was eine Verstärkung der Depression zur Folge hat.[39]

Zur Beschäftigung anregen
Viel ist für eine Besserung gewonnen, wenn man den Depressiven zu einer Beschäftigung anregen kann, wenn man ihm sein früheres Hobby wieder schmackhaft macht, wenn man ihn wieder in Kontakt mit Freunden bringt und zum Gehen und Sporttreiben ermuntern kann. Auch frohe Musik kann aufheitern – vor allem wenn man sie selbst wieder spielt. So schieben sich Sonnenstrahlen zwischen die düsteren Wolken.

3 Selbstmord im Alter

Hoch sind im Alter die **Selbstmordraten**, höher als im Durchschnitt der Bevölkerung. Verzweifeln am Leben, keine Freude mehr haben und keine Freunde, sich vergessen und verlassen fühlen, bei einer schweren Erkrankung keinen Ausweg sehen – das führt häufig zum Selbstmord im Alter. Es sind keine spektakulären Selbstmorde mehr im Alter – obwohl Erschießen und Erhängen auch vorkommen – ,es ist meist der **Freitod durch Medikamente**, die Pillen. Die meisten der Medikamente führen – im Übermaß genommen – zum Tode.

4 Aktive Sterbehilfe?

Umstritten – mit Recht – ist die **aktive Sterbehilfe**. Wo sind die Grenzen, wo ist der Wille des alten kranken Menschen selbst das Ausschlaggebende und wo ist es der Wunsch der Angehörigen – oft, ja zu oft nur der Wunsch der Erbenden. Erbe, Geld, Vermögen können die Erben anregen, dem Schicksal und dem Tode nachzuhelfen. Wenn man lange in der Praxis als Arzt steht, weiß man, daß der

Mensch nicht selten Gewissen und Verstand verliert, wenn es um das Geld geht!
Freilich gibt es Fälle, wo durch schmerzhafte und zermürbende Erkrankungen das Leben zu einer Qual wird, wo selbst schwerste Schmerzmittel nicht mehr helfen und wo der Wunsch nach einem gütigen und ruhigen Tod verständlich ist. Wer soll über die »aktive Sterbehilfe« bestimmen? Der Arzt? Der Patient? Die Angehörigen? Schwierig zu lösende Fragen, die – wenn man den augenblicklichen Zustand ändern möchte – genauer Gesetze und Absicherungen bedürfen.

Sterbehospize

Eine segensreiche Einrichtung sind die Sterbehospize, die zur Betreuung von Sterbenskranken allerorten, vor allem in den Großstädten, entstehen. In England und der Schweiz machte man damit den Anfang.
Diese ärztlich geleiteten Hospize wollen Schwerkranken und Sterbenden helfen, sie wollen einen würdigen Tod vorbereiten, sie wollen eine echte, gute und frohe Pflege.
Es sind nicht immer nur engagierte Ärzte, Schwestern und Pfleger, es gibt viele freiwillige und ehrenamtliche Helfer dabei, die den Mut und die Kraft mitbringen, um den Sterbenden die letzten Stunden – soweit möglich – zu erleichtern und erträglich zu gestalten.
Sehen Sie sich um, ob in Ihrer Umgebung oder Ihrer Stadt ein solches »Sterbehospiz« besteht, und notieren Sie sich die Adresse und die Telefonnummer. Vielleicht brauchen Sie es einmal, vor allem wenn Sie allein sind und keine Familie haben, die Sie pflegen kann.
Über die Zentralen in der Bundesrepublik können Sie auch Auskunft erhalten.

Adressen:

Die »Deutsche Hospizhilfe e. V.«, Reit 25, 21244 Buchholz, hat eine Informationsmappe mit Broschüren und Adressen zusammengestellt, die gegen Bezahlung der Selbstkosten von 10,– DM erhältlich ist. Sie gibt auch telefonische Auskünfte unter der Telefonnummer: 041 81/394 95 oder 388 55 oder 373 13.

»Internationale Gesellschaft für Sterbebegleitung und Lebensbeistand e. V.«, Im Rheinblick 16, 55411 Bingen.

Omega – Mit dem Sterben leben, Kasseler Schlag 19, 34346 Hann. Münden.

Diese Hospize sind derzeit in der Bundesrepublik bekannt

Mit * gefördert durch den Bundesminister für Gesundheit

Krankenhaus Spandau *
Prof. Dr. Kirstaedter
Lynerstr. 12
13585 Berlin

Robert-Janker-Klinik
Dr. Wolfgang Scheef
Baumschulallee 12–14
53115 Bonn

Malteserkrankenhaus
Prof. Dr. Klaschik
Von-Hampesch-Str. 1
53123 Bonn

Klinik Dr. Hancken GmbH *
Dr. G. Hancken
Harsefelder Str. 8
21680 Stade

Medizinische Universität *
Anästhesie
Prof. Dr. P. Schmucker
Ratzeburger Allee 160
23562 Lübeck

Chirurgische Universitätsklinik
Prof. Dr. Dr. Pichlmaier
Joseph-Stelzmann-Str. 9
50931 Köln

Allgemeines Krankenhaus Barmbek *
Herrn Dr. Lutz Hoffmann
Rübenkamp 148
22307 Hamburg

St.-Elisabeth-Krankenhaus *
Dr. Fuchs
Friedrich-Ebert-Straße 59
56564 Neuwied

St.-Joseph-Hospital *
Dr. H. Munkel
Wiener Straße 1
27568 Bremerhaven

Hospiz zur Hl. Elisabeth
Pfarrgasse 5
57368 Lennestadt

Marienhospital Stuttgart *
Prof. Dr. Dr. H. Metzger
Böheimstr. 37
70199 Stuttgart

St.-Michaels-Krankenhaus *
Dr. Wörbehoff
Kühlweinstr. 103
66333 Völklingen

Kreiskrankenhaus *
Marienhöhe GmbH
Prof. Dr. Kindler
Mauerfeldchen 25
52146 Würselen

Hospiz-Haus Hörn
Johann-von-den-Drisch-Weg 4
52074 Aachen

Evang. Krankenhaus
Göttingen Weende *
Prof. Dr. Held
An der Luther 24
37075 Göttingen

Elisabeth-Krankenhaus *
Dr. med. Gutsch
Postfach 20 02 40
45661 Recklinghausen

Johannes-Hospiz
am Krankenhaus der Barmherzigen Brüder
Romanstr. 93
80639 München

Hospiz
Pater-Dionysius-Str. 14
50767 Köln-Heimersdorf

Hospiz-Haus am
St.-Elisabeth-Krankenhaus
Mauerstr. 6–10
06110 Halle

Christophorus-Haus
Roßmarkt 23
60311 Frankfurt/Main

Hospiz zum Hl. Franziskus
Röntgenstr. 39
45661 Recklinghausen

5 Der Verfolgungswahn (Paranoia)

Nicht selten tritt im fortgeschrittenen Alter der Verfolgungswahn (Paranoia) auf. Man fühlt sich verfolgt, bestohlen, hintergangen und traut oft den eigenen Kindern nicht mehr. Wie unglücklich kommen oft Kinder oder Enkel in die Praxis des Arztes und erzählen von ihrer Mutter oder ihrem Vater und von diesem Zustand. Man kann dazu nur immer sagen: Das ist eine Krankheit, das trifft nicht Sie; seien Sie deshalb nicht böse auf Ihre kranke Mutter oder Ihren Vater. Es hat auch wenig Sinn, zu widersprechen oder die Verfolgungsidee ausreden zu wollen. Das fördert nur noch mehr den Krankheitszustand. Geben Sie lieber in allem recht – dann verlaufen sich die Verfolgungsideen viel leichter.
Auch hier weiß der Hausarzt oder der Nervenarzt (Psychiater) Medikamente, die das Krankheitsbild lösen oder erleichtern – für den Kranken und für die Angehörigen eine große Hilfe.

6 Die Parkinsonsche Krankheit (Morbus Parkinson)

Das »Parkinsonsche Syndrom« tritt meist in mittleren Jahren und bei älteren Menschen auf.
Im fortgeschrittenen Stadium kann die Diagnose anhand des charakteristischen Bildes leicht gestellt werden: Es ist das für die Krankheit typische und nicht beeinflußbare Zittern, das oft bei den oberen Extremitäten beginnt und später auf die anderen Extremitäten übergreifen kann, machmal auch auf die Kiefer- und Halsmuskeln. Die Diagnose-Stellung – vor allem im Frühstadium – und die Behandlung sind ausschließlich Aufgabe des Arztes.

Am Aussehen des Kranken ist charakteristisch: Die Augen sind weit geöffnet und zeigen fast keinen Lidschlag; das Gesicht ist maskenhaft starr und fast ohne dynamische Mit- und Begleitbewegungen; häufig steht der Mund leicht offen, und Speichel fließt aus den Mundwinkeln; das Gesicht ist durch vermehrte Talgsekretion oft ungewöhnlich fettig (Salbengesicht); der Kranke geht mit langsamen, kurzen, schlürfenden Schritten, die Arme sind beim Gehen meist leicht an den Körper gehalten, der Körper ist leicht nach vorne gebeugt; die Sprache ist beeinträchtigt und manchmal wegen der geringen Intensität und Schnelligkeit fast unverständlich.

Die Krankheit schreitet langsam fort; im Frühstadium, in dem noch nicht alle Symptome auftreten, ist sie oft schwer erkennbar.

Wichtig ist, daß der Patient nicht den Mut verliert. Angehörige und Pflegende müssen **den Optimismus des Kranken stärken** und ihn so lange wie möglich aktiv erhalten. Massage und passive Bewegungen verringern vorübergehend Zittern und Verkrampfungen.

Behandlung und Medikation sind ärztliche Aufgaben. Es gibt heute sehr wirksame Medikamente gegen die Parkinsonsche Krankheit.

Man hat neuerdings auch durch Umstellung der Kost, durch **eine proteinarme Diät**, die Parkinsonsche Symptomatik verbessern, die körperlichen Behinderungen sichtbar reduzieren und die Lebenserwartung verlängern können. Zwei Forscher, J. H. Pincus und K. Barry (niedergelegt in Arch-Neurl. 44 [1987]) haben mit folgender Diät hervorragende Erfolge erzielen können:

Vom Zeitpunkt des Aufwachens bis um 17 Uhr erhielten die Patienten eine nahezu proteinfreie Diät, erst zum Abendessen durften sie eine etwas proteinreichere Mahlzeit zu sich nehmen.

Für abwechslungsreiche Kombinationen der proteinarmen Diät (maximal 7 g Protein bis 17 Uhr) eignen sich folgende Getränke und Nahrungsmittel:

- Kaffee, Tee, Mineralwasser, Frucht- und Gemüsesäfte
- alle frischen und getrockneten Früchte
- alle »grünen« und »gelben« Gemüsearten: Kopfsalat, Gurken, Zwiebeln, Blumenkohl, Brokkoli, Kürbis, Mohrrüben, Tomaten
- proteinarme Getreideprodukte
- Kartoffeln ohne Schale
- italienisches Eis, Sorbet
- Margarine, Butter, Gewürze, Kräuter, Honig, Marmelade

Proteinreiche Nahrungsmittel sollten tagsüber gemieden und nur zur Zubereitung des Abendessens verwendet werden:

- rotes und weißes Fleisch, Fisch, Wurst
- Hühnereiweiß, Gelatine
- Milchprodukte wie Milch, Käse, Joghurt, Milchreis, Schlagsahne
- Gemüse: Bohnen, Sojabohnen
- Nüsse, Schokolade, Kuchen, Gebäck.

Bei mehr als 80 % der Patienten, die diese proteinarme Diät konsequent über mehrere Monate durchhielten, konnte eine deutliche Besserung festgestellt werden. Die Medikamentendosis konnte drastisch gesenkt werden.

Hier hilft man Ihnen weiter

Deutsche Parkinson-Vereinigung Bundesverband e.V., Moselstr. 21, 41464 Neuss, Tel. 021 31/41 01 67;
Baden-Württemberg: Haussmanstr. 6, 70188 Stuttgart, Tel. 07 11/215 51 75;
Bayern: Felgenstr. 2, 63877 Sailauf, Tel. 060 93/631;
Berlin: Dr. Horst Seeger, Tel. 030/242 56 72;
Brandenburg: Dr. Horst Meyer, Potsdam, Tel. 03 31/ 96 00 55;
Bremen: Hinrich Horstmann, Pagentornerstr. 19, 28203 Bremen, Tel. 04 21/739 56;
Hamburg: Gertrud Passehl, Tel. 040/712 43 71;
Hessen: Heinz Wagenknecht, In der Röde 7, 64362 Mühltal, Tel. 061 51/14 51 81;
Mecklenburg-Vorpommern: Dr. Günther Thielemann, Greifswald, Tel. 038 34/81 23 30;
Niedersachsen: Helmuth von Heyden-Linden, Heckenweg 5, 21709 Himmelpforten, Tel. 041 44/41 14;
Nordrhein-Westfalen: Ursula Bruns, Nohlstraße 51, 46045 Oberhausen, Tel. 02 08/295 08;
Rheinland-Pfalz: Waltraut Wieden, Koblenz, Tel. 02 61/ 351 22;
Saarland: Werner Schanne, Saarbrücken, Tel. 06 81/87 33 93;
Sachsen: Peter Kunz, Dresden, Tel. 03 51/575 10;
Sachsen-Anhalt: Heinz Stechhan, Hermann-Hesse-Str. 19, 39118 Magdeburg, Tel. 03 91/61 47 67;
Schleswig-Holstein: Wilhelm Cors, Lübeck, Tel. 04 51/ 30 55 91;
Thüringen: Jena, Hannelore Wabnitz, Tel. 036 41/245 18

Ein Service-Angebot: Mit vorgedruckten Postkarten können Parkinson-Kranke Informationen und Erleichterungen beantragen!

V. Spezifische Alterskrankheiten

Genauso wie es eigentliche **Kinderkrankheiten** gibt, die meist nur Kinder bekommen (Keuchhusten, Masern, Scharlach, Diphtherie, Mumps), so gibt es auch Erkrankungen, die vorwiegend im Alter auftreten. Kinderkrankheiten kann man leicht vorbeugen durch Impfungen. Man hat hier ungeheure Erfolge gehabt. Früher starben viele Kinder an den Kinder-Infektionskrankheiten, vor allem an Diphtherie und Scharlach und auch an der Kinderlähmung – sie hat man durch die Schluckimpfung fast ausgerottet –, heute gibt es nur ganz leichte Erkrankungen und wenige Todesfälle.

Die spezifischen **Alterskrankheiten** sind im allgemeinen **nur Abnutzungserscheinungen** an bestimmten Organen – Organe, die verbraucht sind durch die jahrelange Benutzung und Abnutzung. Freilich mögen dabei bestimmte ungünstige Lebensbedingungen und Eßgewohnheiten eine Rolle spielen, wenn der eine alte Mensch weniger Abnutzungserscheinungen bekommt, der andere mehr. Wer zeitlebens viel heben und tragen mußte, wird sicher im Alter eher Arthrose der Gelenke, vor allem der Knie und der Wirbelsäule, bekommen als derjenige, der nur leichte Arbeit verrichtete. Andererseits kann der Schwerheber und Schwertrager geringere Beschwerden haben, wenn er Ausgleichssport betrieben hat, wenn er sich richtig ernährt hat mit viel kalkreicher Kost.

Falsch wäre es, sich vorzusagen:
Da kann man nichts mehr machen.
Das ist eben das Alter!
Denn: man kann auch im Alter noch viele körperliche Verbesserungen erreichen.

1 Die Arthrose

Arthrosis deformans kann wohl schon in jüngeren Jahren auftreten durch angeborene, frühkindliche oder jugendliche Entwicklungsstörungen, durch Entzündungen jeder Art, durch Sport-, Verkehrs- oder Berufsunfälle. Doch ist es überwiegend eine Alterserkrankung, bedingt durch **Abnutzung und hormonellen Einfluß**. Es handelt sich um Verschleiß, Abbau und Degeneration des Gelenkknorpels mit dadurch bedingter Formveränderung des Knochens. Am Beginn verliert der Gelenkknorpel seine glatte, weißlich glänzende Oberfläche. Er wird gelblich, rauh und zerklüftet. Es entstehen Schliffspuren, die sich zu größeren Bezirken erweitern, so daß schließlich der Knochen freiliegt. Die übersäuerte Gelenkflüssigkeit vermag in den Knochen einzudringen. Dadurch entstehen wieder Zysten. Die **aufeinander reibenden Knochenpartien** werden durch Kalkeinlagerungen an den Randpartien sklerotisch. **Die Schmerzen sind im wesentlichen durch das Knochenreiben bedingt.**

Gelegentlich können sich abgestoßene Knorpelfetzen zu freien Körpern umwandeln **(Gelenkmaus)**, die Einklemmungserscheinungen verursachen, die besonders schmerzhaft sind. Besonders betroffen sind die beiden Knie.[40]

Man kann sich nur noch schlecht bücken, man bringt den Arm nicht mehr nach hinten, es kracht und knackt in den Gelenken, vor allem in den Knien, beim Gehen treten Schmerzen auf, besonders bei einem steilen Abstieg oder beim Hinabsteigen von Treppen. Im Volksmund weiß man dafür eine durchaus zutreffende Erklärung: »Es fehlt die Gelenkschmiere.«

Gefährliches Spätstadium

Schlimm wird es im **Spätstadium**. Dann ist der Gelenkknorpel im erkrankten Bereich nicht nur geschädigt, sondern sogar vollständig abgerieben und verschwunden. Hierdurch reibt der jetzt freiliegende Knochen direkt auf dem Knochen der Gegenseite. Im Röntgenbild sieht man, daß sich die Knochen tatsächlich berühren. Der sogenannte Gelenkspalt ist deshalb verschwunden.

Auch der Knochen hat sich gegenüber dem Frühstadium verändert:

- Er ist wesentlich dichter und härter und im Röntgenbild deutlicher erkennbar.
- An den Rändern der Gelenke sind große knöcherne Zacken entstanden. Diese knöchernen Ausziehungen (Osteophyten) führen zu einer Verbreiterung des Gelenks. Der Betroffene stellt fest, daß seine Gelenke größer und aufgetrieben sind. Diese Kochenzacken können sich bei bestimmten Bewegungen auch berühren und weiter Schmerzen auslösen.[41]

Es gibt sogar eine »Deutsche Arthrose-Hilfe e. V.«, die sich besonders der Arthrose-Kranken annimmt – man rechnet mit ca. zwei Millionen Menschen in Deutschland, die täglich an Gelenkschmerzen leiden. Die »Deutsche Arthrose-Hilfe« gibt ein »Arthrose-Info« heraus, das man beziehen kann (ein Jahresabonnement kostet 12 DM).

Adresse: »Deutsche Arthrose-Hilfe e. V.«, Postfach 11 05 51, 60040 Frankfurt/Main

Besonders häufig ist die **Arthrose der Knie,** die ja die Hauptlast des Körpers tragen. Nicht selten bringen konservative Heilmethoden keinen Erfolg. So erhalten schon jedes Jahr ca. 35 000 Menschen ein künstliches Kniegelenk.

Bei **Kniearthrosen** ist das Übergewicht besonders belastend. Anläßlich eines Referats über konservative Behandlungsmethoden der Kniegelenksarthrose betonte der Schweizer Orthopäde A. Aeschlimann (Basel) die Notwendigkeit der Reduktion des Übergewichtes: »Denn eine direkte Relation zwischen Übergewicht und Ausmaß der Schmerzen im Bereich der Kniegelenke ist nachgewiesen.«

Behandlung der Arthrosen

Auf jeden Fall ist es notwendig, durch Gymnastik, durch Gehen, ja selbst durch Tanzen die Gelenke zu bewegen und zu üben. »Wer rastet, der rostet!« Nur ein Übermaß, eine Überbelastung, eine Überforderung, ist ungut und kann dann zu sehr schmerzhaften Entzündungen der Gelenke führen. Sie schwellen an, werden dick und schmerzen. Kalte Umschläge, auch Umschläge mit Alkohol, »Retterspitz« und selbst mit kaltem Quark können eine große Erleichterung bringen.

Überhaupt sind die **Volksheilmittel** auf dem Gebiet der Behandlung der Arthrose sehr umfangreich. Es sind oft recht einfache Methoden, die sich aber bewähren, sonst würden sie nicht immer wieder in der Familie weitergesagt: Da ist das – schon vorher erwähnte – Auflegen von Quark auf einem Leinenlappen über die arthrotischen Gelenke über Nacht. Andere schwören auf das alte Klosterrezept: Auflegen von frischen Weißkraut- und Wirsingblättern über Nacht mit einem schützenden Handtuch. Andere stehen auf Schweinefettwickel, Einreibungen mit Franzbranntwein, Murmeltierfett oder Ringelblumensalbe.

Viele versprechen sich auch Heilung und Besserung vom **Verzehr von Gelatine,** von »Knöcherlsülze«, von gekochten und gebratenen Kälberfüßen und deren Absud (Sulz), von besonderen Getreidearten – mit der Schale kochen – wie Haferflocken, ungeschältem Reis, Buchweizen, Rollgerste, Grünkern. Neuerdings verspricht man sich große Hilfe von drei Kaffeelöffeln Hirseflocken zum Frühstück ins Müsli oder zum Tee oder Kaffee. Auch der Verzehr von Gummibärchen wird empfohlen. Viele Menschen schwören auf diese einfachen Mittel – und vielen haben sie schon geholfen.

Auch die **Schulmedizin und die meisten Ärzte** versuchen zu helfen und zu lindern mit Fango- und Moorpackungen, mit Bestrahlungen und Wärmepackungen, aber auch mit Eisbeuteln, mit gelatinehaltigen Arzneien, mit Injektionen und sogar – bei schwierigen und äußerst schmerzhaften Zuständen – mit Operationen. Mit neuartigen Geräten kann man jetzt in das Gelenksinnere schauen (Arthroskopie). Zur Behebung der sehr schmerzhaften Hüftgelenksarthrosen operiert man und setzt ein künstliches Hüftgelenk ein. Man hat dabei meist hervorragende Erfolge, und viele, die glaubten, nie mehr gehen zu können, laufen und bewegen sich wieder wie ehedem. Also lassen Sie sich von Ihrem Arzt beraten und suchen Sie seine Hilfe, wenn Sie der Schmerz im Gelenk übermäßig plagt – vergessen Sie aber auch nicht, rechtzeitig einer schweren Arthrose vorzubeugen.

Die Knieschule. Hilfe zur Selbsthilfe

Besonders wichtig ist die Erhaltung der Beweglichkeit unserer Knie. Die Kniearthrose (der Arzt spricht von »Gon-Arthrose«) bedeutet eine erhebliche Behinderung. Sie hat oft jahrelange Schmerzen und Einschränkungen zur Folge. Die Deutsche Arthrose-Hilfe e.V., Postfach 11 05 51, 60040 Frankfurt/Main, hat praktische Tips bei Knie-Arthrose vorgelegt; es gibt auch »**10 goldene Regeln der Knieschule**« von Dr. C. H. Ullrich[42]:

a) Knie bewegen!

Bewegung muß sein! Bewegung hält den Körper fit, regt das Zellwachstum an und sorgt für die notwendige »Schmierung« aller Gelenke. Gleichbleibende Körperhaltungen über einen längeren Zeitraum wirken sich ungünstig auf die Gelenke aus – insbesondere wenn die Gelenke dabei belastet werden.

Nach Möglichkeit sollten vor jeder Belastung unbelastete Gelenkbewegungen durchgeführt werden; daraus ergibt sich ein Training der gelenkbezogenen Muskulatur und eine Schonung von Knochen, Knorpeln und Bändern. Einer vorzeitigen Gewebedegeneration kann auf diese Weise vorgebeugt werden.

b) Beim Bergab-Gehen die Füße nach außen stellen!

Gehen Sie richtig bergab im sogenannten »Kellnerschritt«. Dieser Gang, den man auch bei den Bergbauern beobachten kann, schont die Knie.

c) Richten Sie sich Ihren Arbeitsplatz rücken- und kniefreundlich ein!

Falls Ihr Beruf langes Stehen oder Sitzen erfordert, sollten Sie Ihre Knie von Zeit zu Zeit bewegen. Führen Sie mindestens einmal in der Stunde eine leichte Körperübung durch. Indem Sie die »Venenpumpe« aktivieren, können Sie auch Krampfaderbeschwerden entgegenwirken.

d) Gestalten Sie Ihre Umgebung kniefreundlich!

Knien Sie bei der Gartenarbeit nicht auf hartem Untergrund, und vermeiden Sie es, für längere Zeit in die tiefe Hocke zu gehen. Legen Sie ein altes Kissen unter, das den Druck auf das Kniegelenk mindert.

e) Benutzen Sie beim Sport sinnvolle Hilfsmittel
Bei gesteigerter sportlicher Belastung kann sich manchmal eine spezielle Kniekappe als günstig erweisen. Sie vermindert den Anpreßdruck auf das Kniescheiben-Gleitlager und bewirkt dadurch eine Entlastung des Gelenks.

f) Halten Sie Ihre Knie warm!
Bedecken Sie z. B. die Knie mit den Händen, während Sie mit dem Sessellift fahren (beim Skifahren, bei der Bergtour im Sommer).

g) Vermeiden Sie Übergewicht!
Trainieren Sie täglich Ihre Beinmuskeln!

Der kranke Rücken
In unserer Zeit nehmen die schmerzhaften **Rücken- und Wirbelsäulenerkrankungen** ungemein zu, üblicherweise als »Bandscheibenschäden« bezeichnet. Nach neuesten Erhebungen geht etwa ein Drittel der arbeitenden Bevölkerung wegen dieser Beschwerden in den vorzeitigen Ruhestand. Also leiden viele der alten Menschen an Rückenschmerzen und Rückenbeschwerden.
Dabei wird in zunehmendem Maße erkannt, daß es nicht allein auf die knöcherne Wirbelsäule mit ihren 24 Wirbeln ankommt. Denn sie ist wiederum angewiesen auf ihr Haltwerk: die Bänder und vor allem die Muskeln. Genau wie ein Schiffsmast nicht denkbar ist ohne seine »Verstakung«, nämlich das Tauwerk.[43]
Der **Bewegungsmangel** in unserer Zeit mit ihrer zunehmenden Motorisierung und Technisierung, verbunden mit der Bequemlichkeit der Menschen unserer Tage, ist sicher schuld daran. Muskeln, Sehnen und Bänder verkümmern, wenn sie nicht benützt werden. Bei 80 % aller Fälle von

Rückenschmerzen tragen Muskelstörungen infolge mangelhaften Trainings die Schuld. Falsche Haltung und Bewegungsmangel sind die Hauptursachen.
Nur Übung und Bewegung erhalten funktionstüchtig. Täglich mehrmals gehen. **Die Idealhaltung hat die Wirbelsäule beim Gehen**, denn dann ist die Muskulatur entspannt, Bandscheiben und kleine Wirbelgelenke stehen weder unter Druck noch unter Zug. Deshalb ist der »Fußweg der beste Weg zur Gesundheit«, und »es ginge vielen besser, wenn sie mehr gingen«! Beim Schwimmen ist vor allem Rückenschwimmen günstig.
Überall werden heute »Rückenschulen« angeboten – in Kneippvereinen, Sportverbänden, Volkshochschulen, zunehmend auch von Krankenkassen. Machen Sie einmal mit, und üben Sie dann täglich zu Hause![44, 45]
Neue Forschungen und Beobachtungen haben aber auch gezeigt, daß **seelische Belastungen, Kummer und Sorgen Bandscheibenschäden auslösen können**, und eine Dauerbelastung kann für ein Bandscheibenleiden verantwortlich sein. Nicht umsonst hatte man schon von alters her das Sprichwort: »Dem hat es das Kreuz gebrochen.« Der bekannte Orthopädie-Professor Dr. Wolfgang Pförringer schreibt auf eine Anfrage, ob seelische Probleme wirklich Rückenschmerzen auslösen können (»Bunte« v. 20.1. 1994): »Orthopäden wissen seit langem, daß Kummer nicht nur auf den Magen schlagen, sondern auch ins Kreuz fahren kann. Der Körper benutzt hier den Rücken als Alarmglocke. In der Wirbelsäule verläuft das zentrale Nervensystem, deshalb die enge Beziehung zur Psyche. Das Nervensystem steuert nicht nur Herzschlag, Blutdruck und Atmung, sondern auch die Spannung der Muskulatur. Jede Situation, die unsere Nerven belastet, kann deshalb auch die Muskelspannung erhöhen. Bei Trauer, Streß, Wut

oder Ärger werden die Rückenmuskeln hart, verkrampfen sich und drücken auf die in ihnen verlaufenden Nerven. So entsteht der Schmerz. Am häufigsten kommt das im Schulter- und Nackenbereich vor. Bezeichnenderweise hat man meist unter Streß Kreuzschmerzen, im Urlaub fast nie. Es hat keinen Sinn, gegen solche Rückenschmerzen Schmerzmittel zu nehmen. Das wäre genau so, wie einen Sack über eine rote Warnlampe zu stülpen. Dadurch wird die Ursache ja nicht behoben oder ausgeschaltet.«

2 Die Osteoporose – der Knochenschwund

Zu den Alterskrankheiten, speziell der Frau, zählt die Osteoporose. Etwa jede fünfte Frau erleidet im Alter Knochenbrüche. Der Mensch kann bis zum Alter von 55 Jahren Knochenmasse aufbauen. Von da ab geht's bergab, pro Jahr geht etwa 0,5 % der Knochenmasse verloren. Mit 80 bis 90 Jahren hat der Mensch nur noch bestenfalls 70 % seiner Knochenmasse, er ist deutlich kleiner geworden. **Besonders Frauen nach der Menopause sind davon betroffen** – wie man heute durch die Forschung weiß. Der Arzt kann hier mit Hormongaben (Östrogenen) eine Besserung herbeiführen. Doch können wegen der sonstigen Nebenwirkungen – Verlängerung der Regelblutung bis zum 60. Lebensjahr, Verschlechterung bei Venenerkrankungen – nur der Arzt und die Frau selbst entscheiden, ob man die Behandlung durch- und weiterführt. Laufende Kontrolle ist notwendig.

Was kann die Frau gegen den »Witwenbuckel« tun?
Wichtig ist, sich eine **kalkreiche Ernährung** zuzuführen. Der ältere Mensch braucht etwa 1200 mg Kalzium pro

Tag, aber die meisten nehmen mit der Nahrung nur die Hälfte zu sich. Ein Liter Milch enthält die erforderlichen 1200 mg Kalzium, und andere Milchprodukte wie Quark, Joghurt und Käse sind die Hauptlieferanten, ebenso Salate und Gemüse – vor allem Grünkohl und Brokkoli.
Aber auch **Bewegung** ist eine der Hauptwaffen gegen Osteoporose. Bewegungsarmut z. B. bei Bettlägerigkeit löst unmittelbar Knochenschwund aus. Wer jahrelang und jahrzehntelang bewegungsarme Tätigkeiten ausübt, hat sicher eine verringerte Knochenmasse.
Ältere Frauen sollten im Alltag die Wirbelsäule vor übermäßigen Belastungen schützen. Hat der Arbeitstisch, hat der Küchentisch die richtige Höhe? Vorsicht bei einer Schiefstellung der Wirbelsäule z. B. beim Staubsaugen und Fensterputzen! In fortgeschrittenem Alter nicht mehr zu oft auf Leitern steigen und Drehbewegungen ausführen, wie etwa beim Vorhänge-Aufhängen und Abstauben von hohen Möbeln. Gefährdet ist in erster Linie die Wirbelsäule. Oft brechen die Deckplatten der Wirbel ein, dann verformt sich die Wirbelsäule, und es entsteht ein **richtiger Rundrücken, der »Witwenbuckel«**. Wichtig ist es, auf die ersten Warnzeichen der Osteoporose zu achten, vor allem auf Rückenschmerzen, die sich im Laufe des Tages verstärken, auf Abnahme der Körpergröße, quer verlaufende Hautfalten im Bereich der Taille und einen vorgewölbten Bauch.

Es gilt für jede ältere Frau: Bewegung, Wandern, Gymnastik, Schwimmen sorgen für kräftige Knochen. Richtige Ernährung stärkt die Knochen von innen. Mit Gelatine, Kalzium, Vitamin C kann man dem Skelett Gutes tun!

3 Hörverlust – eine Bürde des höheren Alters

Bei den meisten Menschen wird im Alter das Gehör schlechter, wobei Männer mit zunehmendem Alter eine stärkere Veränderung der Hörschwelle haben als Frauen.[46] Auch die Empfindlichkeit für Hintergrundgeräusche wird stärker. Das ist allerdings auch bei allen Menschen der Fall, die ein Hörgerät tragen. Sitzen mehrere am Tisch und unterhalten sich, so ist es für sie oft eine Qual, zuzuhören. Sie sprechen lieber mit jemandem allein, dem sie dann auch sagen können, daß er oder sie lauter sprechen soll. Alte Menschen hören vor allem **höhere Töne schlecht.** Man sagt oft im Sommer auf einer Wiese scherzhaft zu alten Menschen: »Hörst du die Grillen?« Die hört ein Schwerhöriger nämlich nicht, weil die Töne zu hoch sind.

Freilich muß immer eine Untersuchung am Ohr die Ursache der Schwerhörigkeit feststellen. Es kann nämlich auch einmal Ohrenschmalz im Gehörgang schuld sein, meist aber ist es eine altersbedingte Starrheit des Trommelfells, es kann sich auch die Kette der drei Gehörknöchelchen – Hammer, Amboß und Steigbügel – verändern. Auch die im Innenohr liegende Schnecke kann Ursache der Veränderung sein, wobei eine Verkalkung eine Rolle spielen kann. Da helfen dann manchmal durchblutungsfördernde Medikamente, die der Ohrenarzt verschreibt. Viele halten auch etwas vom Genuß von Knoblauch oder von der Anwendung von Ginkgo-Präparaten.

Ohrensausen – Tinnitus

Ohrensausen ist im höheren Alter ein häufiges Leiden. Es zeichnet sich durch ein mehr oder weniger starkes Klingeln oder durch ein summendes Geräusch in den Ohren aus. Ungefähr 80 % der Bevölkerung der industrialisierten

Länder werden zu irgendeinem Zeitpunkt des Älterwerdens von diesem Leiden befallen. Man vermutet die Gründe für diese Störung in natürlichen degenerativen Alterungsprozessen und in einer sehr starken Geräuschexposition. Bei einigen älteren Menschen kann sich der Tinnitus bessern oder sogar verschwinden, wenn sehr starke Geräusche vermieden werden. Es gibt keine Medikamente dagegen. Wenn man sich darauf konzentriert, was um einen herum vorgeht, beachtet man das Ohrenklingen weniger. Müdigkeit und Streß können zum verstärkten Auftreten beitragen. Musikhören lenkt vom Ohrengeräusch ab – auch beim Einschlafen.

4 Veränderungen des Sehvermögens im Alter

Eine ganze Reihe von Veränderungen des Sehens tritt als Folge von Alterungsprozessen auf. Wenn man diese Ausfallerscheinungen bemerkt, sollte man den **Augenarzt** aufsuchen. Oft hilft allein schon das Anpassen einer Brille, es kann aber auch eine Staroperation zur Sehverbesserung notwendig sein. Das ist unaufschiebbar, wenn eine schwere Trübung der Linse auftritt. Man pflanzt heute sogar künstliche Linsen ein.

Wann muß man in augenärztliche Behandlung?

- Wenn man in die Nähe (Zeitunglesen) oder die Weite (Nichtlesenkönnen von Ortsschildern beim Autofahren) nicht mehr richtig oder nur verschwommen sieht.
- Wenn man durch helles Licht schnell geblendet wird – wichtig für Autofahrer!
- Wenn der Gesichtsfeldumfang immer kleiner wird. Der Verlust des peripheren Sehens kann schon jenseits des 55. Lebensjahres beginnen.

- Wenn es beim Sehen vor den Augen flimmert oder wenn Blitze durch das Bild fahren.
- Wenn man Regenbogenfarben um Lichtquellen sieht.
- Wenn man häufig Kopfschmerzen bei längerem Sehen bekommt und gerötete Augen hat.
- Wenn schleimiges oder schleimig-eitriges Sekret (das in der Nacht oft die Augen verklebt) – häufig mit Juckreiz – auftritt.
- Wenn das Auge »trocken« ist, wenn keine Tränen mehr fließen.

Das trockene Auge

Ohne den ständig fließenden Tränenfilm wäre ein klares Sehen nicht möglich, weil die Hornhaut wie eine unpolierte Linse wirken würde. Der Tränenfilm bewahrt das Auge vor dem Austrocknen und versorgt die Hornhaut mit Sauerstoff. Er schützt das Auge außerdem vor Infektionen, da er keimtötende Substanzen enthält und Verunreinigungen wegspült.

Mit zunehmendem Alter vermindert sich – bei Frauen stärker als bei Männern – die Tränenfilmproduktion. Das kann zwar lästig sein, ist aber kein Grund zur Beunruhigung.

Anders sieht es aus, wenn Krankheiten die Ursache der Benetzungsstörungen sind – z. B. das chronische Rheuma. Auch ein Mangel an Vitamin A kann in Betracht kommen. Schuld sind aber auch Umweltbelastungen und die Lebensweise. Psychopharmaka, Schlafmittel und auch Medikamente zur Senkung des hohen Blutdrucks können die Tränenfilmproduktion vermindern.

Auch manche rezeptfreie Augentropfen enthalten Substanzen, die auf Dauer ein Eintrocknen der Hornhaut bewirken.

Darum den Augenarzt aufsuchen! Reicht der Tränenfilm

nicht aus, so wird er einen »Tränenersatz« verschreiben. Allein der Arzt kann entscheiden, welche der zahlreichen Präparate für Sie geeignet sind. Von Selbstbehandlung ist strikt abzuraten, weil man damit dem Auge nur schadet.

5 Hautprobleme im Alter

Mit dem Älterwerden treten bestimmte Erscheinungen auf, die den alten Menschen kennzeichnen, bei manchen weniger, bei anderen mehr. Nach dem äußeren Erscheinungsbild schätzt man dann das Alter ein.

Mit dem Älterwerden erwartet man graue Haare. Die Haut wird runzlig und trocken. Das Nagelwachstum vermindert sich im Laufe des menschlichen Lebens um etwa 50 %. Mit zunehmendem Alter werden die Nägel dünn und spröde. Eine abnehmende Durchblutung der Finger dürfte im Alter noch zusätzlich das Nagelwachstum verzögern. Auch kommt es zu einer progressiven Abnahme der Hautpigmentierung, vor allem wenn die Haut seltener der Sonne ausgesetzt wird. Sonnenexponierte Haut wird fleckig und nicht mehr einheitlich pigmentiert. Es treten übermäßig pigmentierte Flecken der Haut auf, die man im Volksmund Altersflecken oder auch Linsenflecke nennt.

Sicher kann man sich auch im Alter eine frische Haut erhalten: Waschen mit frischem kaltem Wasser, tägliches Behandeln der Haut mit Hautölen, z. B. Dr. Grandel Weizenkeim-Hautfunktionsöl, dazu Genuß von viel Carotin in Form von Karotten kann sich schon hautverjüngend auswirken.

Wann muß man zum Hautarzt?

Den Hautarzt (Dermatologen) soll man aufsuchen, wenn sich auf der Haut Gebilde entwickeln, die einem selbst nicht gefallen. Es können ausgedehnte Erhebungen sein, die ähnlich wie Warzen aussehen, es können dunkelbraune bis schwarze langsam wachsende Flecken sein. Es kann sich ein **Hautkrebs** (Karzinom der Haut) oder ein bösartiges **Melanom** (melanus = schwarz) entwickeln. Hier heißt es schnell handeln, und man muß bald die Krebsgeschwulst beseitigen, bevor sie sich dann nach innen ausdehnt. Heute ist eine große Zunahme des Hautkrebses zu verzeichnen, die man vor allem einem Übermaß an Sonnenbestrahlung zuschreibt. Ob jung oder alt, man soll sich nicht mehr zu lange der Sonnenbestrahlung, dem ultravioletten (UV) Licht, aussetzen. Veränderungen des Sonnenreizes durch das zunehmende Ozonloch sind Mitauslöser der Zunahme des Hautkrebses. Auf einem Dermatologen-Kongreß über Alterungsprozesse im September 1992 (»Süddeutsche Zeitung«, 24. Sept. 1992) kam man zu dem Ergebnis, daß sich das Alter eines Menschen besonders gut an **seinen Händen** abschätzen läßt. Deren Haut ist Sonnenlicht und Chemikalien wie kaum ein anderer Teil des Körpers ausgesetzt. Man stellte fest, daß die Funktionen der Haut im Alter erheblich nachlassen. Sie entgiftet schlechter, wird schlechter durchblutet und bildet zudem weniger Schweiß – ein Mangel, der alten Menschen bei heißem Wetter sehr zusetzen kann. Die Haut wird trocken, ihre Spannkraft läßt nach. Die Trokkenheit kann das lästige Hautjucken verursachen, das zu den besonders häufigen Beschwerden alter Menschen zählt. Daher sollten alte Menschen ihre Haut mit besonderer Sorgfalt pflegen, vor allem Sonnencremes benützen, die Schutz gegen UV-A- und UV-B-Licht bieten.

6 Die Prostata-Erkrankung

Die Vergrößerung der Prostata des Mannes (Prostata-Hypertrophie) tritt bei über 65jährigen mit einer Häufigkeit von 75 % bis 100 % auf und kann folglich fast als ein physiologischer Zustand bezeichnet werden.[48]

Im Anfangsstadium muß man nur öfter Urin lassen, es dauert, bis ein Strahl kommt, und der ist meist recht schwach. Nachts muß man oft zum Urinieren aufstehen.

Das zweite Stadium äußert sich darin, daß man kurz nach der Entleerung das (richtige) Gefühl hat, daß die Blase nicht völlig leer geworden ist. Es besteht ein neuerlicher Harndrang, wobei aber stets nur kleine Harnmengen entleert werden können. Bedrohlich wird es, wenn plötzlich eine akute Harnverhaltung auftritt. Sie ist sehr schmerzhaft, es besteht zwar Harndrang, aber es ist keine Entleerung möglich. Da braucht man ärztliche Hilfe!

Vorbeugen

Es gibt eine **Reihe von Medikamenten,** die der Vergrößerung der Prostata vorbeugen. Viele sind Kürbiskern-Präparate (Prostagutt, Prosta Fink). Auch die Reformhäuser bieten Kürbiskernprodukte an, die man beispielsweise unter das Müsli mischen kann (Granufink-Kürbiskern-Granulat der Firma Fink, 71083 Herrenberg). In den Ländern des Ostens und im Orient kauen die Männer Kürbiskerne und spucken die Schalen aus.

Vermeiden muß man vor allem Unterkühlungen, sie können eine Aktivierung begünstigen. So nicht im kalten Auto sitzen, wenn es im Winter im Freien steht. Beim Straßenbahn- oder Busfahren im Winter sollte man sich etwas auf die Sitzfläche legen. Auch übermäßigen Alkoholgenuß und sehr stark gewürzte Speisen vermeiden, auf

Stuhlregulierung achten und darauf, die Blase rechtzeitig zu entleeren.

Der Prostata-Krebs

Das **Prostatakarzinom** wird mit zunehmendem Alter immer häufiger und ist mit einem Drittel aller Krebserkrankungen bei Männern über 75 Jahren der häufigste maligne Tumor. Beschwerden treten oft erst spät auf, meist dann mit Störungen in Form eines übermäßigen Harndrangs und einer schmerzhaften Harnentleerung. Oft zeigt der Urin Blutbeimengung.

Hier kann die **Krebsvorsorgeuntersuchung,** die ja jedem Mann ab 45 Jahren auf Krankenschein bzw. Chip-Karte zusteht, Aufklärung bringen. Nicht nur eine rektale Untersuchung der Prostata durch den Darm, auch die Sonographie (Ultraschall-Untersuchung) und eine Entnahme von Gewebe durch eine Nadelbiopsie können hier Aufklärung und Objektivierung des Befundes bringen.

Es gibt mehrere Operationsmethoden, die teilweise sogar die Potenz erhalten. Neuerdings hat sich im »Deutschen Grünen Kreuz« ein Arbeitskreis »Forum Prostata« gebildet (Adresse: Forum Prostata im Deutschen Grünen Kreuz, Postfach 12 07, 35037 Marburg), der es sich zum Ziel gesetzt hat, Männer besser über die Prostataerkrankungen aufzuklären und die vielen, die stumm und peinlich darauf bedacht sind, ihr Problem zu verbergen, zum Arzt zu führen. Die engagierten Ärzte sind aber auch nach ihren Erfahrungen der Ansicht, daß viel mehr Männer, als man gemeinhin annimmt, an einer gutartigen Vergrößerung der Prostata leiden.

Man hat einen von der Weltgesundheitsorganisation (WHO) entwickelten Fragebogen ausgearbeitet, durch dessen Beantwortung man weitgehend schon Schlüsse ziehen

kann, ob eine Prostataerkrankung gutartig oder bösartig sein könnte. Ähnliche Fragen stellt auch der untersuchende Hausarzt oder Urologe, wenn Sie die Früherkennungsuntersuchung bei ihm durchführen:
Testen Sie sich doch selbst einmal, und wenn Sie bei der Fragestellung im allgemeinen bei »oft« oder sogar »sehr oft« oder »fast immer« sind, dann sollten Sie sich aufraffen und Ihren Hausarzt oder Urologen aufsuchen. Der wird weitere Untersuchungen anstellen.

Fragen zur Erkrankung der Prostata

1. Wie oft hatten Sie in der letzten Zeit nach dem Wasserlassen das Gefühl, Ihre Blase sei nicht vollständig entleert?
2. Sie waren vor weniger als zwei Stunden auf der Toilette und verspüren bereits wieder Harndrang. Wie oft ist Ihnen das in letzter Zeit passiert?
3. Wie oft haben Sie in letzter Zeit beobachtet, daß Ihr Harnstrahl beim Wasserlassen unterbrochen ist?
4. Haben Sie in letzter Zeit Mühe, bei Harndrang den Urin zurückzuhalten?
5. Ist Ihr Harnstrahl schwächer geworden? Wie oft ist Ihnen dies in letzter Zeit aufgefallen?
6. Fällt es Ihnen in letzter Zeit schwer, Wasser zu lassen, obwohl Sie Harndrang verspüren?
7. Wie oft müssen Sie nachts Wasser lassen?

Mögliche Antworten sind:

nie
sehr selten (jedes 5. Mal oder seltener)
selten (jedes 2. Mal oder seltener)
oft (jedes 2. Mal)
sehr oft (öfter als jedes 2. Mal)

fast immer
bei Frage 7.: keinmal 1mal 2mal 3mal 4mal 5mal oder mehr

Fällt Ihre Untersuchung für Sie günstig aus, erweist sich, daß Sie keinen Prostatakrebs haben, sondern nur eine gutartige Vergrößerung, dann gibt es so viele einfache und natürliche Heilmittel, angefangen von den Kürbiskernen bis zu Präparaten wie Prostagutt oder Bazoton – und Sie leben wieder freier und sorgloser! Wichtig ist, die Blase rechtzeitig zu entleeren – nicht zu voll werden zulassen –, dann droht kein Harnverhalten.

7 Die Blasenschwäche

Die Blasenschwäche (Harninkontinenz) ist meist ein **heimliches Leiden**. Man spricht nicht gern darüber, man geniert sich, man schweigt. Dabei könnte vielen geholfen werden, wenn sie es nur dem Arzt sagen würden.[49, 50]
Die Harninkontinenz (= den Urin nicht halten können) ist bei alten Menschen sehr häufig. Der Urologe Privatdozent Dr. Graff-Solingen stellte bei seinen Untersuchungen fest, daß 15 bis 30 % der alleinstehenden älteren Menschen unter einer Inkontinenz leiden, bei den Heimbewohnern sind es 38 bis 58 %. Dieser Prozentsatz liegt in psychiatrischen Abteilungen von Pflegeheimen sogar bei bis zu 100 %. Viele haben daher einen Dauerkatheter bekommen, vor allem wenn sie bettlägerig sind.
Wichtig ist es, mit dem Hausarzt oder einem Urologen (Spezialarzt für Blasen- und Nierenleiden) darüber zu sprechen. Denn wenn man nichts unternimmt, können die Folgen davon recht unangenehm, lästig und für den

Lebensabend sehr störend sein. Denn die **Folgen der Harninkontinenz** sind weitgehend und umfassend, von Hautirritationen bis hin zum Dekubitus = Wundliegen, von der Dauerkatheter-Behandlung bis hin zu urologischen Folgeerscheinungen wie Nebenhodenentzündung, blutigem Urinabgang und Harnvergiftung. Sie können aber auch – wenn sich gar keine Besserung zeigt – psychische Symptome auslösen wie Depressionen, aber auch aggressives oder verklemmtes Verhalten.

Es besteht eine **Zunahme der Inkontinenzhäufigkeit mit dem Alter**; Frauen sind doppelt so häufig von einer Inkontinenz betroffen wie Männer. Häufig sind allerdings auch alte Menschen betroffen mit anderen Erkrankungen, z. B. Zuständen nach Schlaganfällen, nach Nerven- und Muskelerkrankungen, bei Hirnleistungsstörungen. Untersuchungen bei älteren Menschen haben gezeigt, daß mit zunehmendem Alter die Kapazität der Blase abnimmt, sie faßt weniger Urin. Auch die Fähigkeit des Zusammenwirkens von Blase und Harnröhre wird geringer; die Fähigkeit, das Urinlassen willkürlich aufzuschieben, nimmt ab. Man »muß« plötzlich und schnell. Alterungsprozesse im Gehirn führen zu einer Enthemmung des Reflexes, der ein Urinlassen herbeiführt: **Das Zusammenspiel von Blasenmuskulatur, Gehirn und Harnröhrenverschluß funktioniert nicht mehr.**

Es gibt aber auch **vorübergehende Ursachen der Inkontinenz**. Dazu zählen vor allem Verwirrtheitszustände, es können aber auch Medikamenten-Nebenwirkungen eine Rolle spielen. So kann sich im Verlauf einer medikamentösen Parkinson-Therapie ein Harnverhalt mit Überlaufinkontinenz entwickeln, die aber in der Regel mit Absetzung der Medikamente aufhört. Der Urologe Dr. Graff führt eine Reihe von Medikamenten auf, die zu Harninkontinenz führen. Darunter sind Tranquilizer, Antidepressiva, Parkinson-Mittel (Trihexyphenidyl, nicht L-Dopa), Schmerzmittel, krampflösende Mittel, Betäubungsmittel, den Sympathikus anregende Mittel. Der Arzt muß hier entscheiden, was man weglassen kann und was nicht, er muß vielleicht auch ausprobieren, was ungünstig ist und was nicht.

Hilfen und Selbsthilfegruppen
Hilfe und Behandlungserfolge bringt nicht selten eine **Beckenboden-Gymnastik** – sei es durch Blasen-, Miktions- oder Beckenbodentraining. Freilich muß man sie auch konsequent und fleißig durchführen. Erfolge hat man hier besonders bei Frauen, die körperlich schwer arbeiten mußten, übergewichtig sind und schon mehrere Kinder geboren haben. Bei ihnen neigt die Beckenbodenmuskulatur – die Muskelschicht, die den Bauchraum nach unten abschließt – zum Erschlaffen. Normalerweise sitzt sie straff und verstärkt den Verschluß der Harnröhre. Ist sie schlaff, fehlt diese Verstärkung, und es kann zum unfreiwilligen Urinverlust kommen. Bei der geringsten körperlichen Belastung geht Urin ab, beim Husten, Lachen, Nießen oder Bücken – ohne Harndrang zu verspüren.
Suchen Sie sich eine Gymnastiklehrerin, die mit Ihnen Beckenboden-Training durchführt! Es bringt fast immer eine Besserung. Manchmal ist die Inkontinenz auch hormonbedingt, da helfen Hormongaben. Nicht selten hilft das alles nichts, da bringt nur eine Operation – Raffung der Blase, z. B. bei Scheidenvorfall – Linderung.
Es gibt auch Medikamente, die die Blase ruhigstellen. Sie blockieren die Verbindung zwischen Nervenfasern und Blasenmuskeln. Sie sind zwar wirkungsvoll, verursachen aber meist Nebenwirkungen wie Mundtrockenheit, Sehstörungen und Verstopfung.

Wichtig ist, daß zu Hause und im Alten- und Pflegeheim der Weg zur Toilette nicht weit ist und daß man sich dazu erzieht, öfter zu gehen. Bei senilen oder dementen Patienten im Heim ist es oft recht mühsam und personalintensiv, bei manchen Patienten jedoch lohnend. Man muß sie – fast nach der Uhr – in bestimmten Intervallen zur Toilette bringen. Bei unbehandelbaren Fällen bleibt lediglich die Einlage von Windeln oder die Dauerableitung, vorzugsweise über einen Blasenkatheter.

Blasenschwäche ist keine Krankheit, derentwegen man sich schämen oder gar verstecken muß. Eine Hilfe kann auch der Anschluß an eine Selbsthilfegruppe sein. So besteht die Selbsthilfegruppe »Die blaue Eule«, die Erfahrungen austauscht und Ratschläge gibt. Nähere Informationen über »Die blaue Eule« erhalten Sie bei Renate Weiss, Wienenbuschstr. 67, 45149 Essen. Zur Zeit gibt es Selbsthilfegruppen in Essen, Wiesbaden, Arnsberg und Homburg (Saar-Pfalz) – neue Gruppen sollen in München, Hamburg und Regensburg gegründet werden.

Es gibt Firmen, die sich auf Geräte und Heilmittel zur Behandlung der Inkontinenz spezialisiert haben. Eine davon ist die Hollister Incorporated, Niederlassung Deutschland, Postfach 13 23, 85767 München-Unterföhring (Tel. 089/ 992 88 60). Sie schickt Ihnen sicher eine Übersicht über ihre Produkte, deren Benutzung Sie mit Ihrem Arzt, Ihrer Pflegerin oder Ihrem Pfleger durchsprechen können und die Sie auch in einem Pflegemittel-Geschäft bestellen können. Hollister verschickt auch – vor allem für Ärzte – die Fortbildungsserie »Grundlageninformationen zum Thema Blasenschwäche«.

8 Die chronische Verstopfung (Obstipation)

Ist die chronische Stuhlverstopfung (Obstipation) schon in der Durchschnittsbevölkerung weit verbreitet, so macht sie besonders im Alter und im hohen Alter vielen große Beschwerden. Es spielt dabei meist die ungünstige Ernährung ohne Ballaststoffe wie Obst, Gemüse und Rohkost eine große Rolle – vor allem durch die oft gleichmäßige Kost in Alten- und Pflegeheimen –, aber auch die mangelhafte körperliche Bewegung und das viele Herumsitzen. Auch die starke Eindickung des Kotes infolge unzureichender Flüssigkeitszufuhr bei abnehmendem Durst im Alter spielt mit. Man sollte, nicht nur im Alter, zwei bis drei Liter Flüssigkeit täglich zu sich nehmen – aber welcher ältere oder alte Mensch macht das schon.

Zur Heilung ist es zweckmäßig, die Ernährung umzustellen: Ausreichende Zufuhr von Faser- und Ballaststoffen regt über eine vermehrte Darmfüllung die Tätigkeit des Darmes an. Mehr Obst und Gemüse gehören auf den Speiseplan, besonders günstig sind Karotten, Äpfel und Orangen mit einem besonders hohen Wasserbindungsvermögen. Nicht zuviel Kuchen, Semmeln und Weißbrot essen, besser grobes Vollkornbrot!

Empfohlen wird – statt der Einnahme von Abführmitteln, die meist ungünstige Dauerwirkungen haben, wie etwa Kaliumentzug – die Einnahme eines kalten – nicht eiskalten – Fruchtsaftes vor dem Frühstück (Orangen, Äpfel). Andere schwören auf einen Eßlöffel Obstessig in angewärmtem Wasser mit etwas aufgelöstem Honig. Es kann dadurch ein Reiz zur Entleerung ausgelöst werden.

Wieder andere empfehlen ein grobes Müsli, in der Frühe nüchtern gegessen, mit gemahlenem Leinsamen oder Flohsamen (aus dem Reformhaus), dazu am Abend vorher eingeweichte Dörrpflaumen oder Feigen, zusammen mit dem Saft. Auch hier muß man viel trinken, damit sich beim Aufquellen die Masse nicht zusammenballt und eventuell einen Darmverschluß auslöst.

Bewährt hat sich auch der Einsatz von **Weizenkleie,** die mindestens drei Stunden lang in Flüssigkeit eingeweicht wird. Drei Eßlöffel täglich reichen im allgemeinen. Die Einnahme erfolgt am besten **zwischen den Mahlzeiten,** da Weizenkleie die Verarbeitung von Medikamenten und Kalium im Darm verhindern kann.

Nach dem Essen sind auf jeden Fall ein **Spaziergang**, etwas Herumgehen, etwas Bewegung empfehlenswert nach dem alten Spruch: »Nach dem Essen sollst du ruh'n oder tausend Schritte tun!« Zum Mittagsschlaf kann man sich gleich hinlegen, wenn man eine sehr magere und fettarme Kost zu sich genommen hat. Bei sehr fettem und üppigem Essen können die sofortige Ruhe und der sofortige Schlaf Fettembolien der Herz- und Gehirngefäße auslösen.

Gibt es Verjüngungsmittel?

Solange es Menschen gibt, bestand auch immer und zu allen Zeiten der Wunsch nach Verjüngung und Regeneration. Dichter und Maler haben den **Jungbrunnen** in die Vorstellung gebracht. Lucas Cranach schickt die alten »Weiber« in die Jungmühle, und als Backfische kommen sie heraus.

Besonders in unserer Zeit, wo eigentlich nur der leistungsstarke Mensch in der Gesellschaft etwas zu sagen hat, werden zur Erfüllung des Wunsches nach Verjüngung mannigfache Methoden und Medikamente angeboten. Erfolge und Mißerfolge werden von den vielen, die die Kuren benutzten, aufgezeigt – viele schwören auf ihre Verjüngungskur, und viele andere empfinden keine Veränderung. Daß jedem Sterblichen ein Ende bevorsteht, weiß jeder – aber viele möchten es doch weit hinausschieben und dabei noch frisch und gesund bleiben. Die Lebenserwartung eines jeden Menschen ist aber begrenzt.

Die maximale Lebensspànne des Menschen beträgt 116 Jahre. Noch vor Jahrzehnten galt es als fast unglaublich, wenn Frauen oder Männer einen Geburtstag von 100 Jahren oder gar noch mehr feierten. Heute ist dies bei uns keine Seltenheit mehr. Noch vor Jahrzehnten ging man den Berichten nach, daß in bestimmten Gegenden die Menschen weit über 100 Jahre alt würden. Es waren vor allem drei über die Welt verteilte Gruppen: Die eine lebte in Vilcabamba, einem Gebirgsdorf in Ecuador, die anderen beiden Gruppen befanden sich in der Karakorum-Region in Kaschmir sowie in der georgischen Sowjetrepublik. Wissenschaftliche Untersuchungen in den genannten Regionen ergaben aber, daß die Berichte über die Langlebigkeit übertrieben waren. So berichtete eine Publikation des Institutes für Gerontologie der Akademie der medizinischen Wissenschaften der damaligen UdSSR, daß bei der Untersuchung der Kaukasier kein Individuum älter als 114 Jahre alt war.

Aber wohnen nicht in jedem Alten- und Pflegeheim der Bundesrepublik einige Patienten mit über 100 Jahren? Am 4. März 1993 meldeten die Zeitungen, daß die vermutlich älteste Deutsche gestorben ist. Sie war 111 Jahre alt. Sie zählte nach den Zeitungsberichten zu den zehn ältesten Menschen der Welt, deren Alter durch Urkunden verbürgt ist.

Auf einem Kongreß über Geriatrie in London berichtete Frau Professor Lehr, daß es 1971 in Deutschland 385 Menschen mit einem Lebensalter von 100 Jahren und mehr gab; im Jahre 1991 wurden bereits 3063 Frauen und 528 Männer mit 100 und mehr Lebensjahren gezählt und registriert.

Es besteht weitgehende Übereinstimmung bei allen Wissenschaftlern darüber, daß die maximale menschliche Lebensdauer in voraussehbarer Zukunft 116 Jahre nicht überschreiten wird.

1 Können Medikamente zur Verjüngung beitragen?

Es gibt eine große Anzahl von Medikamenten, deren Hersteller versprechen, daß sie verjüngen, das Alter aufhalten und das Leben verlängern. In seinem umfassenden Werk »Gerotherapie«[51] weist Professor Platt im Abschnitt **Geriatrika** (so bezeichnet man alle der Verbesserung der Alterserscheinungen dienenden Medikamente) darauf hin, daß die Zahl von etwa 80 Präparaten, die darunter fallen und in dem offiziellen »Medikamenten-Lexikon« der Ärzte, der »Roten Liste«, aufgeführt sind, sicherlich um ein Vielfaches übertroffen wird. Es gibt eine große Anzahl von Präparaten, die frei auf dem Markt erhältlich sind.

Durch das Anwachsen der alten Menschen ist der Verbrauch von Geriatrika erheblich gestiegen, sie liegen auf der Bestseller-Liste der in der Bundesrepublik verbrauchten Medikamente an vorderer Stelle, vor allem die **biologischen Mittel** (Ginseng, Knoblauchmittel, Procain usw.). Nach einer Veröffentlichung in dem Buch »Bittere Pillen«[52] von 1987 liegt der Jahresumsatz für Stärkungsmittel und Mittel gegen Altersbeschwerden in der Bundesrepublik bei 8 500 000 verkauften Packungen, circa 119.000.000 DM, in Österreich 63.000.000 öS. Heute dürfte er noch höher sein.

Nach einer im Auftrag des bundesdeutschen Gesundheitsministeriums durchgeführten Untersuchung nehmen **mindestens 20 % der über 65jährigen regelmäßig Mittel gegen das Älterwerden.** Laut Studie vertrauen dabei vier von fünf Käufern auf die vom Hersteller der Arzneien angegebene Wirkung.

Ist an der Wirkung der Geriatrika etwas dran? Ist es nur Einbildung? Ist es gar ein Schwindel – eine Täuschung?
Der Gerontologe Professor Platt meint: »Der Angabe der Hersteller, daß durch Medikamente der Prozeß des Altwerdens verlangsamt oder bereits bestehende Veränderungen sogar zurückgebildet werden könnten, halten Fachleute entgegen, daß es bislang keine klinischen Hinweise auf Pharmaka gibt, welche dem Alter entgegenwirken.«[51]
Aber sicher ist der Bereich der Geriatrika noch zuwenig erforscht; neuerdings schließt man sie mehr in den Kreis der Forschung ein, zumal auch die Wissenschaft den biologischen Heilmitteln positiv gegenübersteht.
Ehrenrettung des Knoblauchs! Vor kurzem hat eine amerikanische Untersuchung, die 150 Millionen Dollar kostete, die uralte Volksmeinung über den **Knoblauch** als wirksame Waffe gegen das vorzeitige Altern der Gefäße bestätigt. Knoblauchpräparate – z. B. Ilja Rogoff mit Mistel, Weißdorn und Rutin von der Firma Nattermann – haben einen großen Umsatz. Die wesentlichen und bis zum heutigen Tag heißdiskutierten **Geriatrika sind die Vitamine und Mineralstoffe, die Keimdrüsenhormone und das Procain.**

Vitamine und Mineralstoffe

Die Mehrzahl der sogenannten Geriatrika enthält Vitamine und Mineralstoffe. Mangelzustände hinsichtlich von Vitaminen sind eigentlich nur dort anzunehmen, wo eine Mangelernährung vorliegt. Dies ist für den Arzt und für den Patienten selbst aus den Essensgewohnheiten feststellbar, eigentliche wissenschaftliche Untersuchungsmöglichkeiten bestehen kaum. Immerhin konnte E. Weber (Vitamine und Mineralstoffe, Act. Geront.) eine verminderte Aufnahme von Vitaminen in erster Linie bei **Altersheim-**

bewohnern feststellen. Die Spurenelemente, die ebenfalls in zahlreichen Geriatrika enthalten sind, beeinflussen die Funktion praktisch aller Enzyme.
Professor Platt meint: »Obwohl bei einigen Gruppen älterer Menschen eine verminderte Zufuhr von Vitaminen und eventuell auch Spurenelementen nachweisbar ist, ist eine Substitution nur bei klinisch nachweisbaren Symptomen indiziert.«[51]
Sicher wird also ein mäßiger Gebrauch von solchen Mineralstoff- und Vitaminpräparaten für den alten Menschen durchaus nützlich sein können. Aber auch der Genuß von viel Früchten und Gemüse (auch als Rohkost) ist sicher günstig und heilsam!

Keimdrüsenhormone
Als nächste Gruppe der meistgebräuchlichen Geriatrika sind die Keimdrüsenhormone anzusehen. Allerdings wurde die Benützung von Injektionen durch Anordnung des Bundesgesundheitsamtes stark eingeschränkt, teilweise sogar verboten. Weiterhin noch gestattet – und von vielen, die die Kur mitmachten, als große Steigerung ihrer körperlichen und geistigen Leistungsfähigkeit empfunden – ist die Injektion von Körpermaterial von frischgeschlachteten Schafen. Es gibt in der Bundesrepublik zwei bedeutsame und eingeführte Kliniken, die nach dieser Methode arbeiten und gute Erfolge erzielen. Als Indikationen für die Anwendung von Hormonen im Alter bezeichnen Forscher (Coper 1978) einen schlechten Allgemeinzustand, Schwäche und Erschöpfungszustände, Leistungsminderung des Mannes, verzögerte Rekonvaleszenz. Unter den Menschen, die damit behandelt wurden und die daraus eine große Verbesserung ihrer Leistungsfähigkeit und eine Verjüngungstendenz beobachteten, sind viele bekannte Persönlichkeiten.

Die Therapie mit Hormonen geht auf die Untersuchungen von Bogomoletz, Voronoff und Brown-Sequare zurück.

Behandlung mit Procain – Aslan-Kuren

Viel angewendet, aber in ihrer Wirkung nicht weniger umstritten ist die Behandlung mit Procain. Dieser Stoff wurde von der rumänischen Ärztin Aslan und ihren Mitarbeitern entdeckt. Frau Dr. Aslan behandelte damit in Rheumaabteilungen und stellte fest, daß die Patienten frischer und leistungsfähiger wurden und sich verjüngten. So wurde versucht, das Procain zur Beseitigung von Altersbeschwerden und zur »Verjüngung« einzusetzen. Während die von Frau Dr. Aslan und ihren Mitarbeitern durchgeführten Veröffentlichungen Erfolge mit Procain anführen, kommt die wohl umfangreichste Übersichtsarbeit über Procain (Ostfeld 1977) zu dem Ergebnis, daß – außer dem positiven antidepressiven Effekt – keine überzeugenden Beweise der Wirksamkeit vorliegen. Aber es sind hier noch nicht die letzten Worte gesprochen. Professor Platt meint, daß es ihm doch notwendig erscheine, experimentell auf diesem Gebiet weiterzuarbeiten. Übrigens findet ein Mittel, das im wesentlichen auf Procain aufbaut, das **KH 3**, großen Absatz und wird immer wieder von alten Menschen gekauft.

Die Werbung der Aslan-Pharma-Firmen und der Deutschen Aslan-Gesellschaft e. V. führt Prominente aus aller Welt auf, die zu Professor Aslan kamen und dort eine Verjüngung erfuhren: Charlie Chaplin, Pablo Picasso, Charles de Gaulle, John F. Kennedy, Marlene Dietrich, Mao Tsetung, Konrad Adenauer und viele andere mehr. Die Deutsche Aslan-Gesellschaft unterhält medizinische Institute in Bad Kissingen und Olsberg/Hochsauerland.

2 Neuentdeckte Naturheilstoffe

In den letzten Jahren kamen zwei neue Naturheilstoffe ins Gespräch, von deren Gebrauch man sich vor allem Verbesserung der Gehirntätigkeit im Alter und mehr geistige Frische verspricht: Ginkgo und Vitamin E.

Die Kraft des Ginkgo-Baumes

Der Ginkgo-Baum ist einer der bedeutendsten Bäume der Welt, vor allem wohl der älteste. Wie man aus Fossilfunden weiß, sah der Ginkgo-Baum vor 180 Millionen Jahren genauso aus wie heute. Bekannte Wissenschaftler unserer Tage fanden die **einzigartige Wirkung des Saftes aus den Ginkgo-Blättern heraus.** Er bewirkt im menschlichen Organismus, vor allem im Gehirn, positive Effekte. Seine Wirkstoffe dringen bis in die feinsten Gefäße, vor allem des Gehirns, ein, wirken Durchblutungsstörungen und vorzeitiger Verkalkung entgegen. Abgelagerte schädliche Umweltgifte werden neutralisiert. »Und das alles führt dazu, daß die geistige Spannkraft und Leistungsfähigkeit wieder zunimmt.« (Professor Hademar Bankhofer)

Wie ungewöhnlich dieser Baum ist, der ja im alten China und in Japan kultisch verehrt wurde, zeigt das fast unglaubliche Ereignis: Als am 6. August 1945 die erste Atombombe in Hiroshima explodierte, zerstörte sie alles, alle Lebewesen, alles natürliche Leben. Bis auf den Ginkgo-Baum. Er begann im Frühjahr darauf wieder zu sprießen.

Es gibt von verschiedenen Firmen Ginkgo-Präparate, die man in den Apotheken kaufen kann, so Ginkgo Biloba compos., Tabletten und flüssig, dann vor allem das Tebonin forte, auch flüssig und in Tablettenform, von der Pharma-Firma Dr. Willmar Schwabe – Karlsruhe.

Vitamin E – ein modernes »Lebenselixier«

Fast zur selben Zeit – in den Jahren 1990 und 1991 – veröffentlichten Wissenschaftler aus den USA, Österreich, Deutschland und Schottland Berichte über die einzigartige Wirkung des Vitamin E. Anfang 1991 legte die Weltgesundheitsorganisation (WHO) eine internationale Untersuchung vor, die inzwischen als MONICA-Studie in die Geschichte der Medizin eingegangen ist. Beobachtet wurden Männer in mittlerem Alter aus 16 europäischen Staaten.

Einer der Forscher, Professor Dr. Fred Gey vom Institut für Biochemie und Molekulare Biologie an der Universität Bern, Schweiz, stellte fest:

»Ein niedriger Vitamin-E-Spiegel im Blut eines Menschen ist der bedeutendste Risikofaktor für rasches Altern, für Arteriosklerose und für den Tod durch Herz- und Kreislauferkrankungen. Der Mangel an Vitamin E ist gefährlicher als ein erhöhter Cholesterinspiegel, erhöhter Blutdruck oder das Rauchen.«

In welchen Naturprodukten ist Vitamin E besonders enthalten?

In Nüssen, in sämtlichen Vollkornprodukten, wie zum Beispiel Vollkornbrot, Vollkornteigwaren und Müsli, in der Milch und in sämtlichen Milchprodukten bis hin zur Butter, in Blattgemüsen, Eiern, in der Leber und in ganz besonderem Maße in Weizenkeimen sowie in Weizenkeimöl. »Das Weizenkeimöl gilt als klassischer Lieferant von Vitamin E.« (Professor Dr. Hademar Bankhofer)

Also gönnen Sie sich öfter einen Viertel- oder einen halben Liter gute Vollmilch, ein Vollkornbrot mit etwas Butter, benützen Sie zum Kochen und zum Salat-Anmachen Weizenkeimöl.

Leider wird Vitamin E durch industrielle Verarbeitung vermindert oder zerstört, welkes Gemüse oder Obst verliert durch den Transport Vitamin E, auch wird dieses in der Tiefkühltruhe und bei niedrigen Wintertemperaturen zerstört. Darum kann man ruhig einmal zur Unterstützung aus der Apotheke Vitamin-E-Präparate kaufen; empfohlen wird beispielsweise eine Optovit-Kapsel täglich (etwa 200 internationale Einheiten Vitamin E).
Professor Dr. Hademar Bankhofer nennt Vitamin E »eine wahre Wunderwaffe für den Organismus« (in »Weltbild« vom 11. Dez. 1992 »Ein Vitamin gegen Verkalkung«).

3 Im Wasser ist Heil

Nicht nur Heilbäder, sondern auch die Wasseranwendungen, wie sie uns von Pfarrer Kneipp gelehrt wurden, machen jung, aktiver und frischer.
Besondere Verjüngung schrieb man von jeher den **radioaktiven Quellen** zu, wie wir sie beispielsweise in **Bad Gastein und Bad Hofgastein** haben. Schon vor einigen hundert Jahren nahmen viele Tausende die anstrengende Reise mit der Postkutsche auf sich, um dort zu baden. Ein Beweis für die Kraft war das »Wunder«, daß welke Blumen in dem Wasser wieder frisch wurden und aufblühten. Warum sollte es da den Menschen anders gehen! Tatsächlich haben Beobachtungen und Untersuchungen an Badegästen in Bad Gastein sowohl eine Zunahme der männlichen Potenz feststellen können als auch eine Verbesserung und Verschiebung des weiblichen Klimakteriums, wie es sonst nur bei Einnahme von Östrogenen der Fall ist.[53] Man hat daher nicht mit Unrecht Gastein als eine »Quelle der Jugend« bezeichnet. Patienten mit Krebs,

Herz- oder Venenleiden sollten vorher ihren Arzt konsultieren.
Besondere Heilkräfte und Verjüngungstendenzen schreibt man auch vielen Nordseeinseln zu, **vor allem Sylt.** Ist es die Lage, der Boden, das Klima, das Meerwasser – wer weiß es? So kommt es, daß die Insel ständig ausgebucht ist und viele Anhänger hat, die als »Sylt-Fans« die Sylt-Plakette an ihre Autos kleben.
Aber auch viele andere Heilbäder des In- und Auslandes bewirken nicht nur nachweisbare Besserung von Leiden, wie zum Beispiel der Arthrose und der Arthritis in den Thermalschwefelbädern Bad Griesbach, Bad Birnbach und Bad Füssing, sondern auch eine Stärkung der Aufbaukräfte.

Wasseranwendungen
Nützen Sie gerade im Alter diese Kräfte der Heilbäder! Im Alter ist es günstig, die Kuren nicht zu intensiv, nicht zu zeitintensiv zu betreiben – gehen Sie auch viel spazieren, schlafen Sie viel, legen Sie sich vor allem nach den Anwendungen hin und halten Nachruhe! Nehmen Sie sich interessante Bücher zum Lesen mit, besuchen Sie die Lesehallen der Heilbäder, und hören Sie Musik und Konzerte. Nicht umsonst haben die meisten Heilbäder ihre eigenen Konzertsäle und eigene Kurkapellen! Dies alles bringt Erholung, Ausspannen, aber auch Neuaufbau und Verjüngung!
Besondere Erfolge haben auch die **Kneippheilbäder,** da sie die gesunde Ernährung in die Kur einbinden.
Führen Sie die Anwendungen, die Sie in den Heilbädern, vor allem den Kneippbädern, gelernt haben, zu Hause weiter. Die meisten sind im häuslichen Milieu ohne große technische Voraussetzungen durchführbar.

Während die Güsse und Wickel und auch die Packungen und Bäder mit Badezusätzen wohl bei alten Menschen nur unter Aufsicht oder in Heimen und Badeanstalten vorgenommen werden sollen, können Ihnen aber auf jeden Fall die folgenden einfachen Anwendungen angeraten werden.[54]

Das kalte Armbad
Bei nervösen Herzbeschwerden, Bluthochdruck, wirkt beruhigend, schlaffördernd: 10 bis 15 Sekunden beide Arme ins kalte Wasser tauchen, nicht abtrocknen, nur durch leichtes Schwingen erwärmen.

Das Wechselarmbad und das Wechselfußbad
Ein Kreislauftraining: 5 bis 10 Minuten in ein Gefäß mit warmem, 10 bis 20 Sekunden in ein Gefäß mit kaltem Wasser. Zwei- bis dreimal wechseln. Am Anfang zeitlich kürzer, langsam steigern. Auch mit Zugaben wie Heublumen (z. B. bei Arthrosen).

Das kalte Fußbad, Wassertreten, Taulaufen, Schneelaufen
Bis 3 Minuten, das Taulaufen bis 5 Minuten; härtet ab, stärkt den Kreislauf, wirkt beruhigend. Füße müssen vorher warm sein. Nicht anwenden bei Blasen-, Nieren- oder Prostataleiden.

Hauttrockenbürsten
mit einer Bürste oder einem Frottiertuch, beginnend bei den Fingerspitzen und den Zehen körper- bzw. herzwärts. 5 bis 10 Minuten. Erfrischt, regt den Blutdruck an, fördert den Abtransport der Stoffwechselschlacken.

Waschungen und Ganzwaschungen
Am besten früh aus dem Bett heraus, Waschung zügig mit einem groben Leinentuch, 1 bis 2 Minuten. Sie beginnt an

den Armen, geht dann weiter mit dem Hals und mit großen Längsstrichen über Brust und Leib, dann Beine und Füße. Wasseranwendungen dienen der Rehabilitation und der Kräftigung des alten Menschen. Selbst beim Pflegefall kann die Helferin damit Wohlbefinden und Frische bringen.

Auch hier gilt es einige wichtige Regeln zu beachten, die der Kneippbund empfiehlt.

Härte dich ab! – »Kneipp« doch mal!

Regeln für Kneippanwendungen, die beachtet werden müssen.

1. Kaltwasseranwendungen nur bei völlig warmem Körper durchführen, so z. B. sofort nach dem Aufstehen am Morgen oder nach entsprechender körperlicher Bewegung.
2. Sollten Sie zum Frieren neigen, empfiehlt sich ein vorheriges Frottieren, eine Hauttrockenbürstung oder aber die vorherige Anwendung warmen Wassers, der dann der Kaltreiz folgt.
3. Während akuter Erkrankungen, bei Fieber oder gestörtem Wohlbefinden sollten Anwendungen nur nach Beratung durch den Arzt vorgenommen werden.
4. Die Wirkung des Kneippens beruht zunächst auf der Reizung der Haut. Von hier aus werden dann über Reflexbahnen die Organe des Körpers, der Blutkreislauf, der Stoffwechsel und das Nervensystem beeinflußt.
5. Besonders Anfänger dürfen auf keinen Fall mit einer morgendlichen eiskalten Dusche beginnen, denn darauf ist ihr Organismus nicht vorbereitet! Auch Abhärtung will gelernt sein!

(Kneippbund e.V. München, Türkenstr. 29/I, 80799 München.

4 Geistige Beschäftigung. Gedächtnistraining

Der Geist formt und prägt den Körper! So macht auch geistige Beschäftigung – die Lösung einer geistigen Aufgabe, ein soziales Engagement – den Körper frischer. Es wird der Hautturgor angeregt, das Auge bekommt Glanz, der Körper strafft sich, wenn man sich ein Ziel setzt, sich eine Aufgabe vornimmt, etwas vollbringt und leistet. Bleiben Sie nicht »hinter dem Ofen sitzen«, setzen Sie sich Aufgaben, »haben Sie etwas vor«! Es ist nicht allein damit getan, es sich gutgehen zu lassen, viel zu schlafen und zu ruhen – setzen Sie sich Ziele. Man weiß, daß im ersten Jahr nach der Pensionierung bei Beamten ein hoher Anteil von Todesfällen registriert wird. Es fehlt die Aufgabe; früh aufstehen müssen, in die Arbeit gehen, ein Pensum erledigen müssen, auch unangenehme Dinge lösen müssen, sich einsetzen müssen – das war man gewohnt. Darum wohl nach der Pensionierung und Berentung einige Wochen vertrödeln, verreisen, nichts tun, faulenzen – **aber dann sich eine feste Aufgabe suchen und sich wieder ein Ziel setzen!** Das gibt neuen Aufschwung und erfrischt! Es gibt gerade im sozialen Bereich so viele Aufgaben, die darauf warten, daß sich ihrer jemand annimmt! Packen Sie zu, wagen Sie es! Es macht Ihnen Freude und verjüngt Sie! Sie stehen nicht auf dem Abschiebegleis, Sie fahren wieder mit Volldampf voraus. Als Gedankengut, Zukunftsaufgabe und Sinnsetzung unseres weiteren Lebens können wir uns nur dem anschließen – und danach leben –, was die Schriftstellerin Simone de Beauvoir (1908–1986) so ausgedrückt hat: »Wollen wir vermeiden, daß das Alter zu einer spöttischen Parodie unserer früheren Existenz wird, so gibt es nur eine einzige Lösung, nämlich weiterhin Ziele zu verfolgen, die unserem Leben einen Sinn verleihen: das hingebungsvolle Tätigsein für einzelne, für Gruppen oder für eine Sache, Sozialarbeit, politische, geistige oder schöpferische Arbeit.« (Simone de Beauvoir, »Das Alter«, 1977)

Geistreich im Alter

Neue Erkenntnisse über das Altern widerlegen frühere Annahmen, daß die geistigen Fähigkeiten mit zunehmendem Alter einem generellen Abbau unterliegen. Auf dem 3. Deutschen Ärztekongreß in Dresden (Herbst 1992) sagte der Psychologie-Professor Wolf Oswald: »Unterschiedliche Gehirnfunktionen altern unterschiedlich. Während die gedankliche und die motorische Geschwindigkeit abnehmen, können intellektuelles Wissen und Lebenserfahrung noch in hohem Alter erhalten bleiben. Das Gehirn ist erstaunlich flexibel und kann verminderte Leistung einzelner Teile über lange Zeit ausgleichen. Es kommt darauf an, die Hirnfunktionen nicht unter ein bestimmtes Niveau absinken zu lassen. Gedächtnistraining, Medikamente und psychologische Hilfe machen uns Hoffnung, daß die Selbständigkeit älterer Menschen länger aufrechterhalten werden kann.«

Viele aktive Senioren, vor allem auch Unternehmer und Manager, haben sich in ihrer »Pension« zur Verfügung gestellt und wollen vor allem junge Unternehmer beraten. Wie der Verein »Aktivsenioren e. V.« in Bayern berichtet, konnten bisher schon 2000 Anfragen aus Bayern und 500 aus Sachsen und Thüringen, die aus den verschiedensten Branchen kommen, beweisen, daß junge Unternehmer sehr gerne das Angebot der Senioren annehmen.

Anders als die »Aktivsenioren« kümmert sich der »Senioren-Experten-Service« in Bonn um die Beratung der Entwicklungsländer. Seit 1990 kamen die osteuropäischen

Länder sowie die neuen Bundesländer hinzu. Allein in Bayern stehen rund 3300 Senioren-Experten zur Verfügung, etwa 2900 waren vergangenes Jahr in über 100 Ländern im Einsatz.
Wer mitmachen will, kann sich bei den folgenden Stellen Rat und Auskunft holen:

Senioren-Experten-Service
Zentrale: Buschstr. 2
53113 Bonn
Tel. 02 28/26 09 00

Senioren-Experten-Service München
Siemens A.G.
Otto-Hahn-Ring 6
81739 München
Tel. 089/63 64 16 23

Alt hilft jung
Bundesgeschäftsstelle
Kennedyallee 62–70
53170 Bonn
Tel. 02 28/88 92 36

Aktivsenioren Bayern
Thierschstr. 11
80538 München
Tel. 089/22 22 37

»Alt werden, das ist Gottes Gunst,
Jung bleiben, das ist Lebenskunst.«
(J. W. von Goethe)

Ein goldener Plan der Lebensführung im Alter

Immer wieder fragen Journalisten oder Reporter alte Menschen, die 100 Jahre und älter geworden sind, nach dem Geheimnis. Oft erzählen dann Männer von dem täglichen Pfeifchen, das sie rauchen, von dem Gläschen Korn oder Wodka vor dem Frühstück, von der Gartenarbeit, Frauen von dem Stricken und Häkeln, von der Gemeinsamkeit mit den Kindern und Enkeln.

Aber wenn man in die Gesichter dieser Hochbetagten sieht, dann leuchtet bei ihnen allen eines heraus: **die Zufriedenheit.** Sicher gehört Zufriedenheit zu den elementarsten körperlichen, geistigen und seelischen Lebenskräften. Wer zufrieden ist, der ist geschützt vor Gallenkoliken, Magengeschwüren, Herzattacken. Zufrieden kann man sein in der kleinsten Hütte, in ärmlichen Verhältnissen, in der Eingeschlossenheit des Pflegeheims. Dazu können verhelfen eine **religiöse Einstellung**, ein Vertrauen auf die Güte Gottes, seine Allmacht und Barmherzigkeit.

Ich erinnere mich noch heute eines Erlebnisses in meiner ersten Zeit als junger Arzt. Ich hatte einen Krankenbesuch zu machen in einem primitiven Lager für die Familien von Baschka-Deutschen, die hier ihre Notunterkunft gefunden hatten. An diesem Barackenlager am Rande der Großstadt München schien die Zeit des Wirtschaftswunders spurlos vorübergegangen zu sein. In ihm hausten die Menschen in so kleinen Zimmerchen, daß man sich wirklich am Krankenbett nicht umdrehen konnte, und die Vorhänge wehten bei geschlossenem Fenster im Winde, so dünn waren die Wände. Da stieß ich auf einen älteren Menschen mit der Verklärung des Alters in dem gütigen, feinen Gesicht. Er saß bei offenem Fenster und sang aus seinem großen aufgeschlagenen Gebetbuch ein Lied ums andere. Er war glücklich und zufrieden in seinem Wohnloch, seiner Elendsbaracke. Ich bewunderte ihn!

Die Zufriedenheit

> Zufriedenheit heißt nicht, alle Flügel hängen zu lassen, weil es doch nicht anders geht, heißt nicht stoisches Nichtstun – zufrieden sein heißt: die gegebene Situation anzuerkennen, sich in sie hineinzufinden, mit ihr zu leben.

Man hat einmal unser Zeitalter **das Zeitalter der großen Unzufriedenheit** genannt. Menschen früherer Jahrhunderte waren kaum solchen Verführungskünsten ausgesetzt – in den Medien, im Fernsehen und Rundfunk, in der Werbung in den Zeitungen, in den Schaufenstern – wie heute. Welches Meer von Lichtern, von Glanz und Prunk, Reklame, Druckerschwärze, Musik, Mode; Massensuggestion beeinflußt täglich und stündlich den Jedermann unserer Zeit und sucht ihn von seinem Weg abzubringen, dem Weg, den er in sich trägt, den er sich vorgenommen hat. Die Welt, die ihm im Fernsehen gezeigt wird, strotzt meist von Wohlstand, Glück, Reichtum und Unbeschwertheit.

Und da steht er nun da mit seinen Sorgen, seinem Kampf um Arbeit, um Erhaltung seiner Wohnung, um angemessenes Umfeld für seine Familie. Darum steht auch Reisen in alle Welt, Wegfahren, Unbeschwertsein, trotz Geldknappheit, mit an erster Stelle unserer Freizeittätigkeiten: Auch einmal dabeisein!

Der alternde Mensch, der nicht mehr überall mithalten kann, dem aufgrund seines körperlichen und geistigen Rückgangs der Leistungsfähigkeit manches versagt ist, was die Jüngeren noch können, darf nicht neidisch hinschielen, verärgert sein, weil er nicht mehr dabei sein kann. Er muß sich zufriedengeben – er muß zurückdenken an die Zeiten, da er sich das auch noch leisten konnte. Er darf seine Unzufriedenheit nicht verdrängen – er muß offen und bewußt damit fertig werden, sonst drängt er seine Wünsche, seine Begierden ins Unbewußte ab, wird unzufrieden, krank, nervös und neurotisch. Er darf verführerische Wünsche nicht aus Angst und Furcht, dem nicht mehr gewachsen zu sein, verdrängen und sie im geheimen doch begrüßen und wünschen, er muß ihnen aus innerer Überzeugung entsagen; **er muß mit einer Entscheidung zufrieden sein** – wunschlos glücklich, wie man im Volksmund sagt!

Zufriedene alte Menschen sind meist heiter, ausgeglichen, fröhlich, aufnahmebereit und dankbar. Ich erinnere mich noch meiner Tante Johanna, die mit 103½ Jahren starb und die bei jedem Besuch auf die Frage: »Wie geht's, Tante Johanna?« immer antwortete: »Ich bin zufrieden.« Und sie klagte und jammerte nie und war geistig rege bis zuletzt.

Zufriedene Menschen haben auch ausgeglichene Gesichtszüge, selten Falten, und sie haben frische Augen. Sicher kräftigt Zufriedenheit das Immunsystem nicht weniger als Vitamine und Aufbaupräparate!

Freunde und Verwandte

Glücklich zu preisen ist der alte Mensch, der **viele gute Freunde und Verwandte hat,** die zu ihm halten, die zu ihm kommen, auf die er sich verlassen kann – auch in schwierigen Zeiten. Freundschaften muß man pflegen – schon in frühen Jahren, Freundschaften muß man erhalten: Einladungen, ein Kaffeekränzchen, ein gemeinsamer Spaziergang, Freundschaftsbeweise bei Geburtstagen oder Erkrankungen erhalten die Gemeinsamkeit. Freundschaften halten nur, wenn man immer füreinander da ist, wenn man auch für den anderen ein Opfer bringt. Freunde nehmen Sorgen ab, man kann sich aussprechen, sie beraten und helfen. Es wird mit ihnen manches leichter zu tragen sein. Es gibt auch Spätfreundschaften. Man lernt Menschen kennen, die zu einem passen, mit denen man harmoniert. Freundschaften von Reisen, von Altenklubs, von Theater- oder Konzertveranstaltungen. Ich weiß manche Bekannte, die zufällig als Theaterkarten-Abonnenten monatelang immer wieder nebeneinandersaßen. Man sprach kurz miteinander, fühlte sich gegenseitig angezogen – und dann kam die Einladung zum häuslichen Kaffee und zu einem Spaziergang. Und es wurde eine echte Freundschaft! Man darf diesen Gelegenheiten nicht aus dem Wege gehen, man muß sie nützen. Gespräche mit Menschen mit denselben Interessen bringen immer Anregung, sie machen das Gedächtnis und den Geist lebendig und geben so geistige Anregung! Und das braucht man im Alter.

Man weiß aus Untersuchungen, daß Menschen ohne viele Freunde, ohne Kinder, die Besuche machen, ohne viel Ansprache und menschlichen Kontakt viel leichter zu Depressionen und Demenz im Alter neigen. Bei den über 80jährigen sind es über 20 %, in höherem Alter noch mehr. Wir wissen, daß bei vielen alten Menschen ohne

Ansprache oder im Pflegeheim sogar der Intelligenzquotient ganz erheblich absinkt.
Bei vielen Menschen im Alter findet das einzige Gespräch am Tag mit dem Essensbringer vom »Essen auf Rädern« statt, bei vielen ist es oft nur der Telefonanruf eines Freundes. Darum wäre es so wichtig, überall **»Telefonketten«** aufzubauen, wie es die Seniorenministerin Frau Rönsch schon aus Sicherheitsgründen vorschlägt. Vom Bonner Ministerium für Familie und Senioren, Godesberger Allee 140, 53175 Bonn, Tel.: 02 28/30 60, kann man den Ratgeber »Sicherheit für Senioren – gegen Angst und Gewalt« kostenlos anfordern. Allerdings ist es nicht so einfach, »Telefonketten« unter alten Menschen zu organisieren. Es gehört ja schon dazu, daß man zueinander Vertrauen hat, daß man sich kennt. Frau Minister Rönsch meint, daß sich acht bis zehn Personen zusammentun und sich täglich gegenseitig anrufen. Man kann es in Bekanntenkreisen machen, in Altenklubs, in Altenservice-Zentren, in Seniorensportgruppen, in Vereinen und Organisationen. Es wäre sicher notwendig und hat für die nächste Zeit eine große Bedeutung, wo doch das Gespräch unter den vielen alten Menschen immer spärlicher werden wird. Aber es müßte auch die Telekom für alte Menschen mehr Verbilligungen schaffen. Denn oft müssen Rentner mit der Mark rechnen, und die ist schnell vertelefoniert.

»Telefonketten« geben nicht nur Sicherheit, sie verhüten auch Vereinsamung und helfen bei schlechten Stimmungen und Depressionen.

Wenn unter den Anrufern noch gar ein lustiger Mensch ist, der aufheitern kann, so bringt das Telefonieren echten Gewinn und erhellt oft den Tag.

Haustiere machen Freude

Gute **Freunde und Kameraden**, die viel Freude machen und die Gesundheit kräftigen helfen, **sind Tiere, ob Hunde, Katzen oder Vögel**. Ein Tier im Haus belebt es, es bringt Lebendigkeit, Bewegung, Freude. Wenn einen der Hund so treuherzig ansieht und die Katze sich anschmiegt, fühlt man sich wohl und nicht einsam oder allein. Mit Recht heißt es in einer Veröffentlichung des »Forschungskreises Heimtiere in der Gesellschaft«, Oderfelder Str. 40, Postfach 13 03 46, 20149 Hamburg, »Vom Glück, mit Tieren zu leben«: »Sie sind treue Kumpel und zärtliche Schmuser, putzige Gesellen und farbenprächtige Hausgenossen. Wer mit Hund, Katze, Wellensittich oder einem Heimtier Freundschaft schließt, ist um vieles reicher im Leben. Heimtiere sind Allheilmittel für Körper und Seele. Sie vertreiben Kummer und Sorgen und halten unsere Gesundheit auf Trab. Für Kinder sind sie Spielgefährten von großem erzieherischem Wert. Kinder lernen, Geduld und Toleranz zu üben und Verantwortung zu tragen. Ältere sehen in der Fürsorge für ihr Tier eine wichtige Aufgabe. Und Singles mit Heimtieren fühlen sich selten einsam. Heimtiere sind wertvolle Freunde des Menschen und bringen Glück ins Haus.«

Körperliche und geistige Bewegung

Viel Freude und Erfüllung bringt auch das **Mitwirken und Mitarbeiten in Gemeinschaften.** Das Zusammensein mit Mitmenschen schützt vor Vereinsamung. Wer die Gabe hat zum Singen, der gehe in den Kirchenchor, der andere hat Schafkopf- und Skatbrüder, wieder ein anderer ist Schatzmeister in einem Sportverein oder im Saunaklub.
Viele helfen in der kirchlichen Gemeinde mit oder in der »Nachbarschaftshilfe«. Wieviel Freude macht es – wenn

man noch rüstig auf den Beinen ist –, »Essen auf Rädern« auszufahren, sich mit den Leuten zu unterhalten! Unsere Gesellschaft mit ihrer Überalterung braucht mehr und mehr rüstige Alte, die den gebrechlichen Alten helfen und ihnen beistehen.
So kann »das Alter« wirklich »die hohe Zeit des Lebens« (Kurt Rommel) werden:

Alt sein heißt dann für viele
- unentbehrliche Hilfe für Kinder und Enkel sein;
- Zeit haben für seine Freunde und seine Hobbys;
- begehrter Mitarbeiter sein in Kirche und Gemeinde, in Vereinen und in der Volkshochschule;
- Zeit haben zur eigenen Weiterbildung und zum Lernen;
- endlich Zeit haben für den gemeinsamen Urlaub;
- geschätzter Helfer sein in der Gemeinde-Diakonie, in der Nachbarschaftshilfe.

Zum »Aktivhalten«, zum Fitbleiben gehören die **Bewegung, der tägliche Spaziergang, das Schwimmen, die leichte Gymnastik**. Dies kann man unbegrenzt bis ins hohe Alter beibehalten.
Mit zunehmendem Alter kann man nicht mehr unbedingt Leistungsfähigkeit hinzugewinnen, sondern lediglich Fitneß und Gesundheit erhalten. Leistungssport ist nicht mehr am Platze. Zwar gibt es genug Senioren, die noch mit weit über 70 Jahren das Goldene Sportabzeichen erringen. Aber man darf in den Jahren zuvor mit dem Training nicht aufgehört haben und muß seine Grenzen kennen. Sportler, die zeitlebens aktiv waren, wie Geher, Radfahrer oder Skifahrer, können diesen Sport auch in Maßen wettkampfmäßig weiter betreiben. Es gibt ja auch Senio-

ren-Olympiaden. Aber für den normalen alten Menschen ist es nicht das Richtige!

Gartenarbeit ist der beste Gesundbrunnen für viele alte Menschen. Nur muß man auch hier zurückhaltend sein mit schwerem Heben und Tragen und dem Umgraben im Garten. Nicht selten gibt es hier – wie auch beim Schneeschaufeln im Winter – Herzinfarkte und Schlaganfälle.

Bewegung und Belastung ist auch bei krankhaften Zuständen im Alter, wie Arthrose der Gelenke, Bandscheibenschäden, Hexenschuß, besser als Schonung und Bettruhe. Der Orthopädie-Professor Dr. med. Bernd Rosemeyer bestätigt dies aus eigener Erfahrung: »Untersuchungen belegen, daß bei degenerativ veränderten Gelenken in Ruhe mehr Schmerzen als bei dosierter Bewegung und Belastung auftreten.« Und er fährt fort: »Ein guter körperlicher Trainingszustand ist in jedem Lebensalter auch aktiver Unfallschutz.« Die Muskeln, die Knochen, das Gewebe sind – wenn trainiert – weniger verletzungsanfällig.

Professor Rosemeyer weist auch darauf hin, daß **im Alter der Sport mit Freude ausgeübt werden muß**, ohne Quälerei, nicht als Selbstzweck und auch nicht so übertrieben, daß er Schmerzen verursacht. »Der alternde Mensch braucht ein Trainingsprogramm, das auf ihn persönlich und seine Behinderungen zugeschnitten ist. Dabei sind Geduld, Ausdauer und Geschicklichkeit wichtiger als Aggressivität und schnelle Belastung. Diese muß langsam gesteigert werden.« (Professor Bernd Rosemeyer: »Altern – Leistungsfähigkeit und Training aus orthopädischer Sicht«, in: Deutsches Ärzteblatt, 9/1992)

In vielen Altenklubs und Sportgruppen für Senioren gibt es regelmäßig den **Seniorentanz**, der viel Freude und Entspannung bringen kann. Freilich sind oft auch hier die

Frauen in der Überzahl und die Männer Hahn im Korb – aber es bringt trotzdem viel Spaß und Bewegung.
Eine große Hilfe sind für den alten Menschen beiderlei Geschlechts die **Seniorensportgruppen,** die mit Rücksicht auf den älteren Körper vorsichtigen Sport und Gymnastik betreiben und vor allem Anregungen geben, welche Übungen man bei der täglichen Gymnastik zu Hause leicht betreiben kann. Der Leser wird sagen: Man sagt das so leicht – die tägliche Gymnastik. Man muß sich einen Stoß geben und täglich – wenn auch nur ein paar einfache – Übungen und Bewegungen machen, und wenn man nur im Bett radfährt und die Arme und Beine vor dem Aufstehen fest bewegt.
Viele Sportvereine, Altenklubs, kirchliche Organisationen usw. bieten heute eine solche Sportmöglichkeit für Senioren an. Ihr Hausarzt kennt sicher solche Gruppen und kann zum Mitmachen anregen. Er kennt auch Ihre Krankheitsgeschichte und Ihren Kräftezustand und kann so am besten Rat geben, was Sie sich zutrauen können.
Der **Deutsche Sportbund** und der **Deutsche Turner-Bund** werben gemeinsam unter dem Motto »Gymnastik – im Verein am schönsten« um die Senioren.
Fragen Sie doch einfach mal im nächsten Turnverein nach! Zum Kennenlernen können Sie Informationen zu »Gymnastik im Verein« anfordern gegen 1 DM beim Deutschen Sportbund, Postfach 14 53, 63150 Heusenstamm.
In allen größeren Orten gibt es auch **therapeutische Sportgruppen** für Rheuma- und Wirbelsäulenkranke, für Herzgeschädigte. Der Hausarzt kann dies verordnen, und es gibt bei ihm ein eigenes Formular zur Aufnahme in die Gruppe: »Verordnung der Teilnahme am Rehabilitationssport.«
Auch geistig muß man sich im Alter beweglich erhalten.

Geistige Beschäftigung, Übung des Gedächtnisses, Mithilfe in Gemeinschaften – das trägt dazu bei. Wir haben eingehend darauf hingewiesen.
Viele Menschen entdecken erst im Alter, wenn sie mehr Zeit und Muße haben, ihre handwerklichen und künstlerischen Neigungen und Begabungen und verbringen im Zusammensein mit anderen damit frohe und beglückende Stunden.
Nicht wenige reisen erst im Alter, bereiten ihre **Urlaubsreisen** durch Kulturgeschichts- und Geschichtsstudien genau vor und fangen über den Winter an, das Wichtigste der Sprache ihres Urlaubslandes, das sie besuchen wollen, zu erlernen.

Gesunde Lebensführung

Eine **gesunde Lebensführung** von Jugend an ist ein Garant für Gesundheit auch im Alter. »Gesundheit kauft man nicht im Handel, sie liegt im eigenen Lebenswandel«, so heißt eine alte Lebensregel. Zur Erhaltung unserer Gesundheit stehen uns viele Möglichkeiten offen. Sie sind meist billig, oft kostenlos. Vorbeugen ist besser als heilen!
Kostenlose Gaben der Natur sind **die Sonne, das Wasser, die Luft**. Man muß auch im Alter verstehen, die Sonne zu genießen, aber oftmals vorsichtiger und nicht so lang und heftig. Direkte Bestrahlung ist leider in unserer Zeit durch die Gefahren der Sonnenbestrahlung wegen des Ozonloches nur kurze Zeit ratsam.
Wie viele Hilfen – richtig angewandt – das Wasser bringt, haben wir im vorigen Kapitel aufgezeigt.
Zu den Grundregeln einer gesunden Lebensführung gehört, alles **»in Maßen« zu machen, nichts zu übertreiben**: sich belasten, aber nicht verausgaben; »Genußgifte« wie Kaffee, Tee und Alkohol mäßig, nicht im Übermaß;

Vielfraß, Völlerei und Ausschweifungen – Worte aus einem alten Wortschatz – vermeiden; mit Medikamenten sparsam umgehen; sich genügend Schlaf und Erholung gönnen und nicht unnötig die Nacht zum Tag machen; sich Freude machen, aber nicht von einer Vergnügung in die andere taumeln. Ein Leben »in Maßen« braucht nicht langweilig und öde zu werden; es gibt so viele Freuden, die uns Kunst und Natur als reine Quellen bieten und die jedem zur Verfügung stehen – ob arm oder reich, ob leistungsfähig oder behindert, ob Einwohner in einer Großstadt oder auf dem Lande.

Gesunde Ernährung

Wie entscheidend die **gesunde Ernährung** ist zur Kräftigung des Körpers und zur Verhütung von Krankheiten, darüber haben wir schon oft in diesem Buch gesprochen. Richtige Ernährung ist die beste Vorsorge für Gesundheit, Leistung und Wohlbefinden!

Zu den Haupt-Essensregeln im Alter gehört, daß es besser ist, **fünf kleine Mahlzeiten einzunehmen als drei üppige**. Drei Mahlzeiten können ruhig umfangreich sein, dazu zwei Zwischenmahlzeiten. Damit werden Herz und Kreislauf weniger belastet, und der Magen verdaut leichter.

Als Zwischenmahlzeiten können Obst, Joghurt, Vollkornbrot oder Tee, Quarkbrot und auch – wenn man es so gewohnt ist – Kaffee mit Vollkorngebäck kräftesteigernd sein. Allerdings sollte der Nachmittagskuchen keine tägliche Gewohnheit werden, da er Zucker- und Cholesterinwerte erhöht und sich dadurch gesundheitsschädigend auswirken kann.

Man hat nachgewiesen, daß durch Zwischenmahlzeiten die absinkende Leistungskurve günstig beeinflußt werden kann. **Die grundsätzliche Verordnung einer Standardkost**

oder Schonkost für alte Menschen ist nicht angebracht. Nur für ernährungsbedingte Krankheiten (Zucker, Fettsucht, Leberschäden, Cholesterin- oder Harnsäureüberschuß) ist eine ärztlich verordnete spezifische Diät notwendig. Als Grundregel einer gesunden, altersgerechten Ernährung stellt der Ernährungsexperte Dr. med. Warning auf: »Ernährung im Alter ist eine vollwertige, abwechslungsreiche und schmackhafte Mischkost. Ihr täglicher Energiebedarf ist auf 1500 bis 2200 Kalorien eingestellt. Ihr Angebot an Kohlehydraten, Fett und Eiweiß ist ausgewogen, Zucker und Süßigkeiten sind zu reduzieren, Kohlehydrate und Fett maßvoll verringert und die Eiweißzufuhr leicht angehoben.«

Auch im Alter soll man **reichlich trinken**, mindestens eineinhalb bis zwei Liter täglich. Trinken Sie am besten zuckerfreie Fruchtsäfte, natriumarme Mineralwasser, Kräutertees, Apfeltee, Hagebuttentee.

Genießen Sie **Bohnenkaffee,** schwarzen **Tee, Bier oder Wein** nur **in kleineren Mengen**. Man muß selbst darauf achten: Macht Bohnenkaffee oder schwarzer Tee zu munter oder unruhig und schläft man nicht, wenn man sie nachmittags oder abends trinkt, dann soll man damit vorsichtig umgehen. Viele Menschen, vor allem solche mit Bluthochdruck und Überfunktion der Schilddrüse, vertragen sie nicht. Dann soll man sich für koffeinfreien Kaffee entscheiden und statt schwarzem Tee Kräutertee trinken. Denn sowohl Koffein im Kaffee wie auch Thein im Tee sind Anregungsmittel, Wachhalter und eben »Genußmittel« bzw. »Genußgifte«.

Mit Freude essen – keinen Ärger am Eßtisch

Forschungen haben die alte Weisheit bestätigt, daß sich Ärger, Aufregung und Hetze »auf den Magen schlagen«.

Und wenn man sich ärgert, »läuft einem die Galle über«. Ausgeglichene Gemütsverfassung beim Essen ist für die Gesundheit mindestens so wichtig wie die gute Zubereitung der Mahlzeit.
Viele ältere Menschen verlieren – wenn die Kinder aus dem Haus sind – die Lust, richtig zu kochen. Dasselbe ist auch oft der Fall, wenn ein Partner weggestorben ist.
Raffen Sie sich auf! Kochen Sie jeden Tag, und kaufen Sie dazu ein! Das gibt Auftrieb und Abwechslung! Der Dank an Gott mit einem Tischgebet oder dem schönen Wort »gesegnete Mahlzeit« macht jedes Essen zu einem kleinen Fest!

Reisen im Alter

Vorsichtsmaßnahmen

Urlaub und Reisen, Reisen in ferne Länder mit neuen Erlebnissen und Erkenntnissen gehören zu den Aktivposten im Leben älterer Menschen. Reisen können viel Freude machen, wenn man dabei vorher einiges bedenkt und sich auch gesundheitlich vorbereitet. Mit Recht heißt es im »Ärztlichen Reise- und Medizin-Journal« vom April 1994: »Gerade der ältere Urlauber ist durch Unfälle, Erkrankungen und ungewohnten Streß gesundheitlich besonders gefährdet. Er sollte sich unbedingt vor Urlaubsantritt von seinem Arzt ausführlich beraten lassen. Dieser sollte insbesondere prüfen, ob sein Patient langen Flügen gewachsen ist.«
In erster Linie gefährdet sind **Patienten mit Herz-Kreislauf-Erkrankungen,** stellt Professor Ingo Füsgen, Velbert, einer der bedeutendsten Geriater, fest. Weit über die Hälfte der Todesfälle bei älteren Reisenden ist durch ein Herz-

leiden verursacht. Vor allem sollten herzinsuffiziente Patienten im schweren Stadium nur in sachkundiger Begleitung reisen und eine entsprechende Notfallmedikation immer griffbereit bei sich tragen.
Ältere Menschen sollten nicht fliegen, wenn

- sie eben erst einen Herzinfarkt überstanden haben – sechs Wochen ist die Mindestzeit nach unkompliziertem Infarkt;
- ein nicht ausgeglichener Herzfehler vorliegt;
- sie an einem obstruktiven (»hemmenden«) Leiden der Atmungsorgane erkrankt sind, beispielsweise an Bronchialasthma oder einem Emphysem;
- wenn sie an hohem Blutdruck leiden mit Werten von über RR 200/120.

Patienten mit einer Bypass-Operation können oft schon, je nach ihrem individuellen Zustand, nach zwei bis drei Wochen notwendige Flüge antreten. Nach Katarakt-Operationen am Auge oder gelaserten Netzhautablösungen sollte man mindestens vier Wochen warten, bis man eine Flugreise antritt.
Stoffwechselerkrankungen wie Diabetes mellitus stellen heute keine Beeinträchtigung mehr für eine Flugreise dar. Auch Hirnleitungsstörungen werden bei Flugreisen nur dann zum Problem, wenn der Kranke unter der Belastung des Fliegens aggressiv oder unruhig wird. Man muß dann für eine ausreichende Ruhigstellung sorgen.
Dr. med. V. Lichti vom Zentrum für Akutgeriatrie und Frührehabilitation am Städtischen Krankenhaus Neuperlach in München rät zu ausreichender Flüssigkeitszufuhr beim Fliegen und in tropischem Klima. Vorsicht aber beim Trinken von alkoholischen Getränken! Im Flugzeug zeigt der Alkohol je nach Flughöhe eine doppelte bis dreifache Wirkung gegenüber Meereshöhe.

Wichtig ist, so rät Dr. Lichti, daß der Patient seine Medikamente in ausreichender Menge mitnimmt. Bei Auslandsreisen sollte er eine Liste mit seinen wichtigsten Erkrankungen und der aktuellen Medikation (möglichst mit internationalen Freinamen) bei sich tragen. Dafür bietet sich der **Europäische Notfallausweis** an, der in den neun EG-Sprachen abgefaßt ist.
Also: Ältere Menschen sollen bei Flugreisen und Reisen nach Übersee und zu anderen Kontinenten immer **vorher den Arzt fragen,** sich vor allem aber auch nach den notwendigen **Impfungen** erkundigen. Welche Impfungen notwendig sind, hängt vom Reiseziel ab – immer sollten Auffrischungsimpfungen für Tetanus, Diphtherie und Kinderlähmung dabei sein.

Kleine Checkliste für ältere Reisende

- Regelmäßig einzunehmende Medikamente in ausreichender Menge;
- Ersatzbrille (Ersatzlinsen), Sonnenschutz und Sonnenbrille;
- Fotokopie des letzten EKGs;
- Medikamente gegen Durchfallerkrankungen (Immodium, Perenterol), auch Antibiotika;
- elastische Binde für verstauchte Knöchel.

Zehn Regeln für eine gesunde Lebensweise

Dem Kneippbund verdanken wir zehn Regeln für eine gesunde Lebensweise, die auf jahrzehntelanger Erfahrung basieren:

1. Gesundheit können wir nicht kaufen, wir müssen sie uns täglich neu erwerben.
   Nimm jeden Tag als Neubeginn. Öffne dich dem Neuen, und sei bereit zu lernen. Aktivität und Anpassungsfähigkeit sind wichtige Faktoren für die Gesundheit von Körper, Geist und Seele.
2. Beweise im Umgang mit allen Mitmenschen Toleranz und Hilfsbereitschaft. Jeder Einsatz für das Allgemeinwohl stärkt die soziale Gesundheit der Gemeinschaft und schenkt Vertrauen in die eigene Kraft.
3. Zeige jeden Tag Verantwortung in ökologischem Verhalten. Mit kritischem Einkauf von Lebensmitteln, Haushaltswaren, mit sparsamem Wasser- und Energieverbrauch z. B. haben wir es selbst in der Hand, an einer gesunden Umwelt mitzuwirken.
4. Übe Bescheidenheit und Zufriedenheit. Freue dich über die kleinen Dinge, versuche deren Schönheit zu erkennen, und betrachte die Natur mit allen Kreaturen als Geschenk.
5. Suche einen Ausgleich zu Streß und Anspannung. Musik, gute Literatur oder auch ein Entspannungs- und Atemtraining bringen Erholung und neue Kraft.
6. Bewegung ist Leben. Suche Bewegung, wann immer es möglich ist: Treppensteigen, Radfahren, Gymnastik, Tanzen usw. Treibe Sport, jedoch ohne Leistungsanspruch. So bringt Bewegung Fröhlichkeit und stärkt den gesamten Organismus.

7. Stärke dich täglich mit einfachen Kneipp-Anwendungen – Wechselduschen, Arm- oder Fußbäder vertreiben Unpäßlichkeit und trainieren das Immunsystem.
8. Ernähre dich nach den Prinzipien der Vollwerternährung: so natürlich wie möglich, mit viel Frischkost, Getreide und nativen Pflanzenölen. Frische, unbehandelte, einheimische Lebensmittel lassen sich als Rohkost oder schonend gegart appetitlich anrichten und versorgen den Körper mit allen wichtigen Nährstoffen.
9. Genußgifte, wie Nikotin, Alkohol oder Zucker, sind für ein genußvolles Leben nicht notwendig. Gehe verantwortlich damit um, denn jedes Übermaß fordert seinen Tribut an Lebensqualität.
10. Lerne mit deiner Energie zu haushalten und sie kreativ einzusetzen, sowohl im täglichen Leben als auch in der Freizeit.

(Herausgeber: Kneippbund e. V., Bundesverband für Gesundheitsförderung, Postfach 14 52, 86817 Bad Wörishofen, Tel. 082 47/30 02–0)

Anmerkungen

1. Gaux-Lorenz, Martina: Kritische Lebenssituationen älterer Frauen, in: Geriatrische Praxis Heft 3/1991
2. Franke, H. (Hrsg.): Gerontherapie, Stuttgart 1983
3. Melchert, H. U.: Der tatsächliche Medikamentenkonsum alter Menschen, in: Geriatrie Praxis Heft 3/1991
4. Schipperger, Heinrich: Das Problem der chronisch Kranken, ein Dilemma der achtziger Jahre, in: Chronisch Kranke, Köln 1983
5. Hauke, Brost: Herztraining, Herbig Gesundheitsratgeber, Herbig Verlag 1990
6. Grassl, Erich: Sozialstationen, Nachbarschaftshilfen, Ambulante Haus- und Krankenpflege, »Essen auf Rädern«-Dienste, Psychosoziale Beratungsstellen, Selbsthilfegruppen, Pflegeheime, Pflege auf Zeit, Erholungskuren für Pflegende, hrsg. von der Kassenärztlichen Vereinigung München 1980, 1983, 1986, 1989, 1993 ergänzt
7. Häfner, Heinz: Psychische Gesundheit im Alter, Stuttgart 1986
8. Anemüller, Helmut: Was essen und trinken bei Bluthochdruck? Bad Homburg 1990
9. Wie krank macht Streß?, in: Medizin Populär 1992
10. Grassl, Erich: Therapeutischer Sport für Behinderte und Seniorensport in München Stadt und Land, hrsg. v. KV München 1985
11. Canzler, Prof. Dr. med.: Therapiebegleiter für Patienten mit Fettstoffwechsel-Störungen, Fournier Pharma
12. Gesund durch weniger Cholesterin, Weßling o. J.
13. Erhöhter Cholesterinspiegel – sofort eine konsequente Diät empfohlen, in: Medizin und Ernährung vom 4.3.1992
14. Kaffernik, Prof. Dr.: Ernährungstips, Hrsg. Delelande
15. Busse, Prof. E.: Klinische Charakteristika des Alterns, in: Der ältere Patient in der Allgemeinpraxis, Germering 1988
16. Gicht – Krankheit der Könige, Ratiopharm 1991
17. Erhöhte Harnsäurewerte und Gicht, Patientenbegleiter Wellcome 1991
18. Lachnit, K. S.: Geriatrische Aspekte in der Praxis, Köln 1982

19. Mehnert, Prof. Dr. med.: Kostpläne für Diabetiker, von Hoechst und Boehringer 1988 Wissenschaftl. Beratung
20. Müller-Christiansen, Konrad: Wenn der Krebs in die Seele kriecht, in: Der Praktische Arzt 8/1992
21. Wolfrum, Dirk Ingo: Drei Reaktionen auf die Diagnose Krebs, in: Biosynthesen I/1992
22. Uhlenbruck, Prof. Dr. med. Gerhard: Krebspatienten müssen aktiviert und motiviert werden, in: Biosynthesen I/1992
23. Grassl, Erich: Geriatrie II, Kissing 1987
24. Anders, A.: Biologische Krebsbehandlung, Stuttgart 1987
25. Geesing, Hermann: Die beste Waffe des Körpers: Enzyme, Herbig Gesundheitsratgeber, München 1990
26. Sudeck, Dr. med. Martin: Gesteigertes Selbstwertgefühl durch positive Kunstgestaltung, in: Biosynthesen I/1992
27. Schauder, Dr. med. Prof. Peter: Prophylaxe und Therapie von Tumorleiden durch Ernährung, in: Biosynthesen I/1992
28. Moermann, Dr. C. / Breuss, R.: Krebs – Leukämie und andere scheinbar unheilbare Krankheiten – mit natürlichen Mitteln heilbar, Braunschweig 1980
29 Häfner, Prof. Heinz: Psychische Gesundheit im Alter. Stuttgart 1986
30. Demenz. Die große Herausforderung zum Ende dieses Jahrhunderts, in: Ärztliche Allgemeine, Dezember 1991
31. Lehr, Prof. Ursula: Altern ist mehr als das Ansammeln von Defiziten, in: Ärztliche Allgemeine, Dezember 1991
32. Beyreuther, Prof. Konrad: Alzheimer – Demenz – die Folge eines defekten Reparaturprozesses?, in: Ärztezeitung 12/1991
33. Lang, Christoph: Hier sind Chancen für Prävention am größten, in: Ärztezeitung 12/1991
34. Füsgen, Prof. Dr. med. Ingo: Das Gebot der Stunde ist eine ganzheitliche Betreuung, in: Ärztliche Allgemeine 12/1991
35. Grassl, Erich: Lebensfahrplan für die Älteren, Herbig Gesundheitsratgeber, München 1993
36. Füsgen, Prof. Ingo: Demenz-Kranke müssen üben wie im Kindesalter, in: Ärztliche Allgemeine 12/1991
37. Zimmermann, W. (Hrsg.), Consilium cedip: Naturheilweisen, Ismaning 1985

38. Grassl, Erich: Geriatrie I, Der alte Mensch – Hilfe und Selbsthilfe, Kissing 1987
39. Pfau, Dr. med. Bolko: Wege aus der Depression, ein Ratgeber für Angehörige von depressiven Patientinnen und Patienten, Tropon Arzneimittel, Köln
40. Exner, Prof. Gerhard: Kleine Orthopädie, Stuttgart
41. Arthrose-Info, Januar 1992, Hrsg. Deutsche Arthrose-Hilfe e.V., Postfach 11 05 51, 60040 Frankfurt/Main
42. Ullrich, Dr. C. H.: Knieschule, Hilfe zur Selbsthilfe, ein Patientenservice von Brenner-Efeka Pharma, 48159 Münster, Schleebrüggenkampt 15
43. Der kranke Rücken, hrsg. vom Kneippbund e. V., Bad Wörishofen, unter Mitwirkung von Dr. med. H. G. Schmidt
44. Rückenschule, von Dr. med. Ullrich, H. Trommsdorff GmbH Arzneimittel, 57518 Alsdorf
45. Reinhardt, Dr. B.: Gesunder Rücken – besser leben – Rückenschule, Erlangen-Tennenhohe 1989
46. Meier-Ruge, William: Der ältere Patient in der Allgemeinpraxis, Basel 1988
47. Das trockene Auge, in: Deine Gesundheit 8/1992
48. Der alternde Mensch in der Sprechstunde, Verlag Dr. Wilmar Schwabe, Karlsruhe – Urologische Erkrankungen im Alter
49. Graff, Dr. J.: Geriatrische Harninkontinenz – ein unheilbares Leiden?, in: Therapiewoche 42/1992
50. Frank, Dorothee: Blasenschwäche – das heimliche Leiden, in: Medizin heute 10/1992
51. Platt, Prof.: Gerotherapie, Stuttgart 1983
52. Langbein, Martin, Weiss: Bittere Pillen, Köln 1987
53. Alter und Krankheit, Vorträge des 1. Österreichischen Fortbildungskongresses in Geriatrie, Wien 1958
54. Angèle: Deine tägliche Kneippsche Gesundheitspflege, Bad Wörishofen 1985